高等职业院校通识课系列教材

人工智能基础应用

主　编　曾香金　叶君阁　黄　蓉

副主编　吴祥美　陈　恒　蔡卓翊

　　　　蔡群娇　林雅芬　杨小龙

西安电子科技大学出版社

内容简介

　　本书是一本集理论知识与实践应用于一体的通识课教材，主要介绍了人工智能的基本概念、核心技术及应用案例，可帮助读者深入理解人工智能的魅力和潜力。本书采用模块化结构编写，分为人工智能基础、人工智能相关技术、人工智能生成内容、人工智能技术应用、人工智能安全与人工智能伦理五大模块。通过阅读本书，读者不仅能够拓宽自己的知识视野，还能够为未来的职业发展和个人成长打下坚实的基础。

　　本书可作为高职类院校人工智能相关专业学生的基础课程教材，也可作为非人工智能专业学生的通识课教材。

图书在版编目 (CIP) 数据

　　人工智能基础应用 / 曾香金，叶君阁，黄蓉主编 . -- 西安：西安电子科技大学出版社 , 2024. 11. -- ISBN 978-7-5606-7495-7

　　Ⅰ. TP18

　　中国国家版本馆 CIP 数据核字第 2024HV5218 号

策　　划　　李鹏飞　李　伟
责任编辑　　张　玮
出版发行　　西安电子科技大学出版社 (西安市太白南路 2 号)
电　　话　　(029) 88202421　88201467　　　　邮　　编　　710071
网　　址　　www.xduph.com　　　　　　　　电子邮箱　　xdupfxb001@163.com
经　　销　　新华书店
印刷单位　　咸阳华盛印务有限责任公司
版　　次　　2024 年 11 月第 1 版　2024 年 11 月第 1 次印刷
开　　本　　787 毫米 × 1092 毫米　1/16　印 张　9.75
字　　数　　228 千字
定　　价　　39.00 元
ISBN 978-7-5606-7495-7
XDUP 7796001-1

在这个信息爆炸的时代，人工智能技术已经成为引领科技发展的风向标之一，其影响涵盖了几乎所有行业和领域。而在人工智能技术日新月异发展的同时，培养具备人工智能应用能力的专业人才已成为当务之急。鉴于此，编者精心编写了本书。本书的编写团队由多名在人工智能领域具有丰富教学和实践经验的专家组成，旨在为读者呈现一本结构清晰、内容丰富、易于理解、理论与实践相结合的教材。

本书共分为五个模块，涵盖了人工智能的基础理论、相关技术、生成内容、技术应用、安全与伦理等方面。每个模块都经过精心设计，以任务驱动的方式帮助读者逐步深入了解人工智能的各个方面，并且使读者能够通过完成任务亲身体验人工智能技术的魅力。

本书特色如下：

(1) 模块化设计。本书将教学内容按照不同主题划分为模块，便于读者有针对性地选择学习内容。

(2) 任务驱动学习。每个任务下设置了若干活动，每个活动都设计了相应的预备知识和学习任务、操作任务或分析任务。其中，学习任务用于了解相应的应用，操作任务用于实践，分析任务用于对案例进行分析，以帮助读者深化对知识的理解。

(3) 实用性强。本书内容涵盖了人工智能领域的基础理论和实际应用，可帮助读者学以致用。

(4) 关注安全与伦理。本书在内容中注入了对人工智能安全与伦理问题的思考和讨论，以引导读者树立正确的安全意识和伦理意识。

在本书的编写过程中，编者充分考虑了思政教育的重要性，通过思政小贴士引导读者树立正确的人工智能应用观和价值观，注重弘扬社会主义核心价值观和科学精神。

在人工智能技术飞速发展的今天，本书将为广大读者提供一扇了解人工智能世界的窗口。编者真诚希望本书能够成为广大读者学习和探索人工智能领域的得力工具，同时也期待读者在阅读过程中提出宝贵的意见和建议，以便我们进一步改进和完善本书。

最后，祝愿各位读者能够在学习人工智能的道路上取得更大的进步，为推动人工智能事业的发展贡献自己的力量！

编　者

2024 年 5 月

目　录

模块一
人工智能基础

知识目标

1. 了解人工智能的基本概念、特征；理解人工智能的发展历程，包括其发展阶段和关键事件。

2. 了解我国在人工智能领域的发展现状、政策支持；熟悉人工智能研究的主要学派。

3. 掌握人工智能的分类；理解弱人工智能和强人工智能的区别和特点；了解支撑人工智能技术的关键要素，包括算法、数据、计算能力等。

4. 熟悉人工智能在各行业中的应用案例。

技能目标

1. 能够概括人工智能的发展历程，并指出其关键事件和技术突破。

2. 能够分析我国在人工智能领域的发展现状，并提出自己的观点。

3. 能够列举人工智能研究的主要学派，并简要介绍其观点和特色。

4. 能够分析支撑人工智能技术的关键要素以及探讨人工智能在各行业中的应用。

素质目标

1. 培养对人工智能的探究兴趣和好奇心，树立持续学习的意识。

2. 培养批判性思维，能够对人工智能的发展和应用进行客观分析和评价。

3. 培养团队合作能力，能够与团队成员共同探讨和研究人工智能相关问题。

4. 培养跨学科整合能力，能够将人工智能技术与各领域的知识相结合。

任务一 初识人工智能

本任务的两个活动分别介绍了人工智能的概念和人工智能的发展历程，并安排了体验人工智能和仿图灵测试两个学习任务。本任务旨在使学生明确人工智能的定义和研究领域，了解人工智能的分类、主要的研究学派、发展阶段，以及我国人工智能的发展现状，形成对人工智能的初步认知。

学习导图

```
                                                    ┌─ 人工智能的定义及研究领域
                                    ┌─ 预备知识 ──────┼─ 人工智能的分类
                 ┌─ 活动一  了解人工智能的概念 ─┤              └─ 人工智能研究的主要学派
                 │                  └─ 学习任务 ── 体验人工智能
  初识人工智能 ──┤
                 │                  ┌─ 预备知识 ──────┬─ 人工智能的发展阶段
                 └─ 活动二  回顾人工智能的发展历程 ─┤              └─ 我国人工智能发展之路
                                    └─ 学习任务 ── 仿图灵测试
```

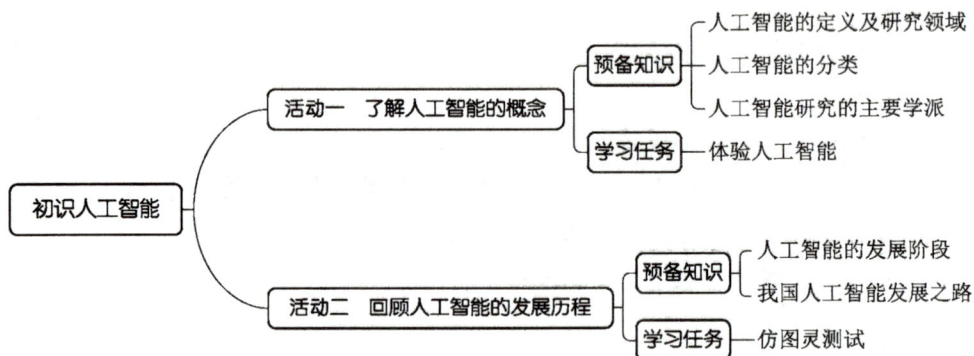

活动一 了解人工智能的概念

预备知识：人工智能简介

一、人工智能的定义及研究领域

人工智能 (Artificial Intelligence，AI) 是研究、开发用于模拟、延伸和扩展人类智能的理论、方法、技术及应用系统的一门新兴技术科学。它结合了计算机科学、数学、心理学、哲学等多学科的理论和技术，旨在探索智能的本质，生产出一种新的能以与人类智能相似的方式做出反应的智能机器。

人工智能的研究领域广泛，包括机器人、语言识别、图像识别、自然语言处理和专家系统等。其目标是使机器能够胜任一些通常需要人类智能才能完成的复杂工作。

人工智能的发展以算法、算力和数据为驱动力，其中算法是核心，算力和数据是基础。随着算法的不断优化和算力的逐步提升，人工智能在多个领域都取得了显著进展，如机器视觉、语音识别、语义识别、图像识别、动作控制等。同时，人工智能也开始广泛渗透到金融、客服、安防、医疗、无人驾驶、教育和家居等行业，对促进经济社会的转型升级发挥了重要作用。

> **思政小贴士**：人工智能是人类智慧的结晶，其发展反映了科技进步对社会的深刻影响。在推动人工智能发展的同时，我们应当注重培养社会责任感，确保技术为人类福祉服务，避免技术滥用和误用。

二、人工智能的分类

根据智能程度的不同，人工智能可分为弱人工智能、强人工智能和超人工智能。目前，弱人工智能的应用非常广泛，强人工智能和超人工智能还处于研究和探索阶段。这三类人工智能都有其特定的应用场景和发展前景。

1. 弱人工智能

弱人工智能是指不具备独立意识，只能在人类设计的程序范围内决策，无法自主学习和进化的智能机器。这些机器看起来像是智能的，但并不真正拥有智能，也不会有自主意识。

弱人工智能具有以下局限性：

(1) 弱人工智能只能在特定领域内处理预设的任务，缺乏对新问题和场景的应对灵活性，其工作方式和解决问题的种类非常有限。

(2) 弱人工智能没有自主意识，只能模拟人类的某些智能行为，无法像人类一样具有全面的判断和决策能力，也无法自主思考问题并制订最优的解决方案，其智能程度远远无法与强人工智能相比。

弱人工智能的应用非常广泛，例如在医疗、银行、法律、自动驾驶、自然语言理解等领域都有应用。弱人工智能的应用主要依赖于预设的程序和大数据处理技术，通过对大量数据的分析和学习，使计算机能够自主地完成特定的任务。

弱人工智能是人工智能领域中的重要分支，也是目前应用最广泛的智能技术之一。虽然弱人工智能无法取代人类做出全面和复杂的决策，但它在特定领域内已经取得了显著的成果，为人类带来了很多便利和效益。

2. 强人工智能

强人工智能又称通用人工智能或全人工智能，是指具备类似人类全面智能的人工智能系统。强人工智能系统不仅具备人类的感知、知觉和表象等智能行为，而且能够理解复杂的概念，以及推理、学习和解释自己的思考过程。强人工智能系统还能像人类一样自主地思考问题，制订最优的解决方案，并具有自我意识。

目前，强人工智能还处于研究和探索阶段，需要进一步的技术突破和工程化实现。但是，随着计算机科学和人工智能技术的不断发展和进步，未来强人工智能有可能实现，并在许多领域中取代人类工作。

强人工智能是人工智能领域中的重要研究方向之一，也是未来智能技术发展的重要趋势之一。虽然目前强人工智能还面临许多技术挑战和伦理问题，但它的实现将会对人类社会产生深远的影响。

3. 超人工智能

超人工智能是指智能超越人类的智慧水平，具有超越人类的认知能力、感觉能力、思维能力等。超人工智能的概念主要源于科幻小说和电影，目前还没有实际实现。但是，随着人工智能技术的不断进步和计算机科学的迅速发展，未来有可能实现超人工智能。

三、人工智能研究的主要学派

人工智能研究的主要学派包括符号主义、连接主义和行为主义。

1. 符号主义 (Symbolism)

符号主义又称为逻辑主义、心理学派或计算机学派，是一种基于逻辑推理的智能模拟方法。其主要采用物理符号系统 (即符号操作系统) 假设和有限合理性原理。符号主义认为人类认知和思维的基本单元是符号，智能是符号的表征和运算过程。符号主义主张用逆向演绎来进行模型的优化，认为智能是可形式化的符号规则的推导。

符号主义的首个代表性成果是启发式程序 LT(逻辑理论家)，它证明了 38 条数学定理，表明了可以应用计算机研究人的思维过程，模拟人类智能活动。此后，符号主义走过了一条启发式算法—专家系统—知识工程的发展道路。专家系统是一种程序，能够依据一组从专门知识中推演出的逻辑规则在某一特定领域回答或解决问题。

符号主义的代表人物是纽威尔、肖、西蒙和尼尔森等，他们认为人工智能源于数学逻辑，主张用逻辑推理的方法来模拟人的思维活动。在早期的人工智能研究中，大多数研究者都属于符号主义学派。

2. 连接主义 (Connectionism)

连接主义又称为仿生学派或生理学派，其主要采用神经网络及神经网络间的连接机制与学习算法。

连接主义从神经元的基本功能出发，深入研究神经网络模型和脑模型，为人工智能的发展开辟了一条新的道路。在这一框架下，模型的好坏通过连续误差测量来评判，其中平方误差是一个常用的指标，它计算了模型预期值与真实值之间差异的平方总和。

3. 行为主义 (Behaviorism)

行为主义又称为进化主义或控制论学派，其主要采用控制论及感知 - 动作型控制系统。

行为主义的研究方法是个体行为的实验分析，即分析个体反应与环境刺激的关系。行为主义主张机器学习遵循"感知 - 动作"模式，以类似新生儿的学习方式让机器逐步适应环境。

学习任务：体验人工智能

人工智能具备感知能力、语言处理能力、推理和决策能力、学习能力、自动化和智能化能力，也就是常说的会听、会看、会说、会思考、会学习、会行动，如图 1-1 所示。

会听：语音识别、说话人识别、机器翻译

会看：图像识别、文字识别、车牌识别

会说：语音合成、人机对话

会思考：人机对弈、定理证明、医疗诊断

会学习：机器学习、知识表示

会行动：机器人、自动驾驶汽车、无人机

图 1-1　人工智能的能力

(1) 感知能力（会听、会看）。AI 系统能够识别、接收和处理来自各种传感器和输入设备的信息，包括声音、图像、温度、湿度等。

(2) 语言处理能力（会说）。AI 系统可以理解和生成人类语言，与人类进行自然交互和沟通。

(3) 推理和决策能力（会思考）。AI 系统可以对大量的数据进行处理和分析，通过推理和决策，自主地解决问题和完成任务。

(4) 学习能力（会学习）。AI 系统具备强大的学习能力，可以通过不断地学习新的知识、技能和经验，自我优化和改进，不断提高自身的智能水平。

(5) 自动化和智能化能力（会行动）。AI 系统可以自动地完成重复性、琐碎性和机械性的任务，减少人力成本，提高工作效率。同时，AI 系统还可以通过自主学习和优化，不断改进自身的功能和性能。

活动二　回顾人工智能的发展历程

预备知识：人工智能发展之路

> **思政小贴士：** 从最初的简单模拟到现在的深度学习、自主决策，人工智能的每一次突破都凝聚了科研人员的智慧与汗水。人工智能的发展之路体现了人类不断追求进步与创新的精神。这种精神强调积极进取、勇于创新，它鼓励我们在面对困难和挑战时，不断探索新的可能，勇于超越自我，推动科技的不断发展。

一、人工智能的发展阶段

人工智能的发展并非一帆风顺，而是经历了起伏和波折。我们可以将其划分为六个阶段：起步发展期、反思发展期、应用发展期、低迷发展期、稳步发展期和蓬勃发展期。这六个阶段反映了人工智能发展的曲折历程。虽然经历了挫折和低谷，但人工智能始终持续发展并逐渐改变着我们的生活和工作方式。

1. 起步发展期 (1956 年—20 世纪 60 年代初)

这一时期是人工智能的起步阶段，随着人工智能概念的提出，科学家们开始探索如何利用计算机模拟人类的智能。在这个阶段，人工智能研究领域相继取得了一些令人瞩目的研究成果，如机器定理证明、跳棋程序等。这些成果不仅证明了人工智能的潜力和可能性，也激发了更多科学家和工程师对人工智能的热情和兴趣。这些早期的研究成果为后来人工智能的发展奠定了基础，并掀起了人工智能发展的第一个高潮。

2. 反思发展期 (20 世纪 60 年代初—70 年代初)

在人工智能发展的初期，随着一系列突破性进展的出现，人们对人工智能的期望不断提升，开始尝试更具挑战性的任务，并设定了一些宏大的研发目标。然而，这一阶段遭遇了多次失败和预期目标未能实现的情况 (例如，机器无法证明两个连续函数之和仍为连续函数，机器翻译出现笑话等)，使人工智能的发展走入低谷。

3. 应用发展期 (20 世纪 70 年代初—80 年代中)

在这个阶段，人工智能开始从理论研究和一般性策略探讨转向实际应用和专门知识的运用，实现了重大突破。其中，专家系统的出现是该阶段的重要标志。专家系统是一种模拟人类专家知识和经验的问题解决系统，它利用人工智能技术来模拟人类专家在特定领域的思维和决策过程。

4. 低迷发展期 (20 世纪 80 年代中—90 年代中)

随着人工智能应用的不断扩大，其局限性也逐渐暴露出来。专家系统在应用领域、知识获取、推理方法等方面的问题逐渐显现，这些问题使得人工智能的发展陷入了低迷期。在这个阶段，人工智能的发展面临了许多挑战和限制，其应用前景变得渺茫。

5. 稳步发展期 (20 世纪 90 年代中—2010 年)

随着网络技术的快速发展，特别是互联网技术的普及，人工智能技术得到了进一步的应用和推广。这个阶段的特点是人工智能技术的实用化，以及与其他领域的交叉融合和创新。

6. 蓬勃发展期 (2011 年至今)

随着大数据、云计算、互联网、物联网等信息技术的发展，人工智能技术迎来了新的蓬勃发展期。这个阶段的特点是人工智能技术的飞速进步和应用领域的广泛拓展。深度学习技术在这个阶段取得了突破性的进展，大幅提升了人工智能的性能和应用效果。图像分类、语音识别、知识问答、人机对弈、无人驾驶等人工智能技术实现了从"不能用、不好用"到"可以用"的技术突破，为各领域的应用提供了强大的支持。

在人工智能的发展史上，图灵等科学家作出了重要贡献。人工智能发展史上的关键事件见表 1-1。

表 1-1　人工智能发展史上的关键事件

时　间	关　键　事　件
1936 年	英国数学家图灵提出了一种理想计算机的数学模型，即图灵机，为后来电子数字计算机的问世奠定了理论基础
1943 年	美国神经生理学家麦克洛奇与匹兹建成了第一个神经网络模型 (M-P 模型)，开创了微观人工智能的研究领域，为后来人工神经网络的研究奠定了基础
1950 年	图灵发表《计算机器与智能》，最先讨论了计算机与智能的关系，并提出了认定机器智能的"图灵测试"
1956 年	在美国达特茅斯大学举行的一场为期两个月的讨论会上，"人工智能"概念首次被提出
1959 年	美国发明家乔治·德沃尔与约瑟夫·英格伯格发明了首台工业机器人，该机器人借助计算机读取示教存储程序和信息，发出指令控制一台多自由度的机械，但它对外界环境没有感知
1964 年	首台聊天机器人诞生
1987 年	第一个支持向量机 (SVM) 软件包问世
2016 年 3 月	AlphaGo 以 4：1 的比分战胜了围棋世界冠军李世石。AlphaGo 的棋艺增长迅速，势如破竹，战胜柯洁后，DeepMind 仍未停下研发脚步，随后又推出了 AlphaGo zero 版本，做到了无师自通，甚至还可以通过"左右手互博"提高棋艺。AlphaGo 的出现让世人对人工智能的期待再次提升到前所未有的高度，在它的带动下，人工智能迎来了新的发展时代

二、我国人工智能发展之路

在发展的初期，我国的人工智能研究面临着诸多挑战。然而，随着改革开放的深入实施，我国的人工智能研究逐渐崭露头角，我国不仅在基础研究上取得了重要的突破，也在应用领域实现了许多令人瞩目的成就。人工智能技术在医疗、交通、金融等领域的应用逐渐深入，为我国的经济社会发展带来了实实在在的好处。

1. 科研起步阶段

20 世纪 50 年代，我国开始涉足人工智能研究，并取得了一些令人瞩目的成果。1956 年，我国科学家开始研究人工智能，并于 70 年代初在自然语言处理领域取得了一系列成果。此后，我国政府开始意识到人工智能的重要性，并将其纳入国家发展战略。在政策支持下，我国在人工智能领域的投入逐渐增加，科研实力和创新能力不断提升。

在起步阶段我们虽然面临技术落后、人才短缺等困难，但在政府的大力支持和市场的驱动下，我国在人工智能领域的科研实力和创新能力不断提升，为后续的发展奠定了坚实的基础。

2. 产业快速发展阶段

自改革开放以来，我国人工智能产业经历了快速发展阶段。在这个阶段，我国政府出台了一系列政策扶持人工智能产业，包括资金支持、优惠税收、创新人才引进等，提高了人工智能产业的发展士气和创新活力。同时，在算法、芯片、机器人等领域的技术研发取得了显著进展，例如华为、百度等中国企业都在人工智能芯片领域取得了一定的突破。此外，大数据、云计算等细分 ICT 行业也得到了快速发展，为人工智能技术的应用提供了有力支撑。

我国人工智能产业在改革开放后得到了快速发展，政府和企业共同努力，推动了人工智能技术的创新和应用，为我国科技事业的发展作出了重要贡献。

3. 国家战略规划发展阶段

国家战略规划发展阶段是我国人工智能发展的一个重要阶段。在这个阶段，我国政府对人工智能的发展进行了全面的战略规划和布局，包括设立人工智能发展专项基金、建设人工智能产业园区、推动人工智能技术的应用示范等，旨在推动人工智能技术的快速发展和应用，提升国家科技实力和国际竞争力。同时，我国政府还加强了与国际社会的合作，积极参与国际人工智能标准制定和治理体系建设，推动了我国人工智能产业的国际化发展。

> **思政小贴士**：我国人工智能的迅猛发展得益于国家层面的战略规划和政策扶持。我国政府将人工智能作为国家战略性新兴产业进行重点培育，出台了一系列政策措施，为人工智能产业的发展提供了有力保障。这种对科技创新的高度重视，不仅彰显了国家对人工智能领域的深刻理解和全面应用，更体现了一种鼓舞人心的精神力量，激励着人们不断追求科技进步，勇于挑战自我，以积极进取的姿态推动社会不断向前发展，开创更加美好的未来。

学习任务：仿图灵测试

图灵测试（如图 1-2 所示）是由计算机科学和密码学的先驱艾伦·麦席森·图灵提出的一种测试机器是否具备人类智能的方法。具体的测试步骤如下：

（1）准备阶段：准备一台具有较高计算能力和语言处理能力的计算机，以及一个经过良好训练、能够正常表达的人；同时，测试者需要选取一些具有挑战性和多样性的问题，以确保测试的准确性和可靠性。

（2）测试阶段：测试者将问题分别输入到计算机和人所在的房间中，并通过电传打字机获取他们的答案；测试者需要确保问题和答案的传递过程中不会出现任何形式的干扰或延迟，以保证测试的公正性和准确性。

（3）评估阶段：测试者对计算机和人给出的答案进行深入分析和比较，如综合考虑答案的内容、语言、逻辑以及计算机在回答问题时的速度和准确性等，以得出最终的评估结果。

图 1-2　图灵测试图

（4）总结阶段：测试者对整个测试过程进行总结和反思，分析测试中的优点和不足之处，并提出改进的建议和意见；同时，测试者也要对计算机未来的发展和人类智能的定义进行深入思考，以推动人工智能和认知科学的发展。

任务二　探究人工智能技术应用

本任务的两个活动分别介绍了人工智能的技术支撑以及人工智能应用的行业，并安排了利用大数据侦破案件和人工智能在游戏领域的应用两个学习任务。本任务旨在使学生了解算力、算法和数据三大人工智能关键技术支撑，以及人工智能在农业领域、工业领域、服务业的应用，并自主探究其在案件侦破活动和游戏领域的应用。

学习导图

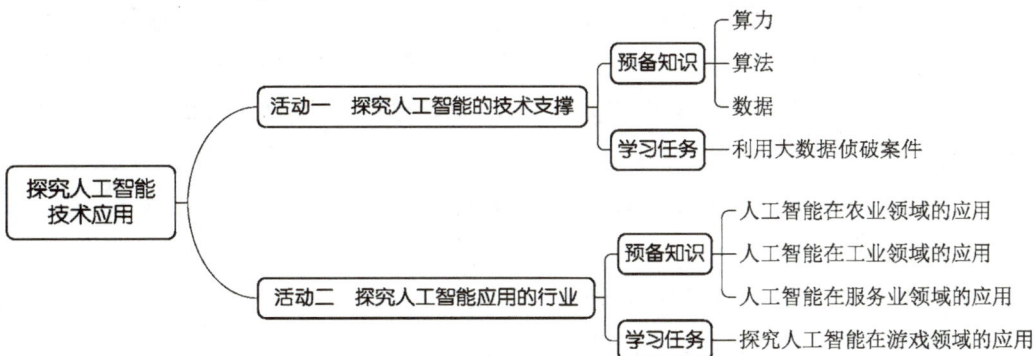

活动一　探究人工智能的技术支撑

预备知识：算力、算法及数据

　　人工智能三大技术支撑包括算力、算法和数据。算力被视为支撑人工智能走向应用的"发动机"，芯片、加速计算、服务器等软硬件技术和产品的完整系统提供超强算力，帮助算法快速运算出结果。数据作为大数据时代的基石，为人工智能的实际应用提供"燃料"。算法是人工智能落地的"承载体"，其复杂度不断加深，解决问题的能力以及服务的业务场景也不断增强。

一、算力

　　算力是指计算机进行各种数学运算和逻辑运算的能力。算力在人工智能的数据处理、模型训练和部署应用等方面起着至关重要的作用。未来，算力技术的不断发展和创新，将为人工智能带来更加广阔的发展空间。

　　(1) 数据处理。算力是处理大规模数据集的重要工具，对数据的分类、聚类、特征提取等任务起着至关重要的作用。算力越强大，数据处理的速度就越快，从而加速了人工智能模型的训练和部署。

　　(2) 模型训练。算力是机器学习模型训练的基础。在人工智能中，通过大量的数据和算力，训练出具有高度泛化能力的模型，能够更好地适应各种实际情况。算力的发展推动了深度学习等领域的难题突破。

　　(3) 部署应用。在人工智能的实际应用中,算力发挥着关键作用。通过高效的算力支持，人工智能系统能够实时地处理各种任务，为用户提供快速、准确的智能服务。

　　随着人工智能技术的不断发展，对算力的需求也在不断增加。为了满足这种需求，需要不断推进算力技术的创新和发展。目前，云计算、边缘计算等技术成为算力发展的重要方向，为人工智能提供了更加强大的算力支持。

二、算法

　　算法是解决特定问题求解步骤的描述，在计算机中表现为指令的有限序列，并且每条指令表示一个或多个操作。算法具有五个基本特性：输入、输出、有穷性、确定性和可行性。

　　(1) 输入、输出。算法具有零个或多个输入。对于绝大多数算法来说，输入参数都是必要的。算法至少有一个或多个输出。算法是一定需要输出的。

　　(2) 有穷性。算法在执行有限的步骤之后自动结束，而不会出现无限循环，并且每个步骤在可接受的时间内完成。

　　(3) 确定性。算法的每个步骤都有确定的含义，不会出现二义性。算法在一定条件下，只有一条执行路径，相同的输入只能有唯一的输出结果。

(4) 可行性。算法的每一步都必须是可行的，也就是说，每一步都能够通过执行有限次数完成。

算法是人工智能技术的核心之一，是解决问题的重要工具。不同的算法可能适用于不同的问题和场景，需要根据具体需求选择合适的算法。同时，随着技术的不断发展，新的算法和优化方法也在不断涌现。

三、数据

数据在人工智能中扮演着重要的角色，是机器学习模型的"燃料"。数据的质量、数量和多样性对机器学习模型的性能和表现有着至关重要的影响。

(1) 数据的质量。数据的质量直接关系到机器学习模型的质量和精度。高质量的数据能够提高模型的预测精度和准确性，使模型更好地理解任务并做出正确的决策。为了获得更好的模型性能，需要收集和清洗大量高质量的数据。数据清洗和预处理是必要的步骤，因为原始数据可能包含噪声、异常值和缺失值等问题。这些数据问题会影响数据的可靠性和一致性，进而影响模型的性能。

(2) 数据的数量。数据的数量是机器学习模型性能的重要因素之一。足够的数据量可以使得模型更好地理解数据分布和特征，从而更好地泛化到新数据。在训练过程中，大量的数据可以帮助模型更好地识别模式和趋势，提高模型的稳定性和可靠性。为了获得更好的模型效果，往往需要更多的训练数据来覆盖更广泛的情况，以及验证数据来调整超参数和选择模型。

(3) 数据的多样性。数据的多样性是影响机器学习模型性能的重要因素。不同来源、不同特性的数据可以增加模型的泛化能力，使其能够更好地适应不同的场景和任务。同时，不同类型的数据也可以提供更全面的信息，帮助模型更好地理解任务和数据特征。数据的多样性还可以帮助模型捕捉到更复杂的模式和关系，从而提高模型的准确性和稳定性。

为了获得更好的模型效果，需要充分考虑和处理数据的相关问题，并不断更新和优化数据集。同时，随着数据量的不断增长和技术的不断发展，数据管理和处理技术也需要不断更新和优化。

学习任务：利用大数据侦破案件

在一个复杂的刑事案件中，警察充分利用指纹收集、血液样本采集以及大数据删选和比对等多种技术手段，来推进案件的侦破工作。

(1) 在犯罪现场进行详细的勘查，并特别关注指纹的收集。例如，警察在门把手、杯子、桌子等可能留下指纹的地方进行仔细的观察，并通过专业方法 (如激光法) 提取出多个指纹。随后这些指纹被送到指纹数据库进行比对排查，以寻找可能的嫌疑人。

(2) 根据案情需要，对涉案嫌疑人或被告人进行血液样本采集。这一过程需在相关执法机关设立的采血室中进行，以确保操作的规范性与保密性。采集到的血液样本被妥善保存，并用于后续的 DNA 比对工作。通过与数据库中的 DNA 信息进行比对，可以进一步确认嫌疑人的身份，或者排除某些人的嫌疑。

(3) 利用大数据技术进行嫌疑人的筛选和定位。通过收集和分析大量的数据，包括人员的行为习惯、特征数据等，警察能够建立起一个复杂的网络，从而定位到可能的嫌疑人。此外，大数据扫黄技术还能够帮助警察及时发现和打击涉黄犯罪活动，有效遏制这类犯罪的发生。

通过综合运用多种技术手段和证据，警察最终成功地锁定了嫌疑人，并推进了案件的侦破工作。这充分展示了现代科技在刑事侦查中的重要作用，以及警察在运用这些技术时的专业素养和严谨态度。

> **思政小贴士：** 强大的人工智能与大数据的结合为案件的侦破提供了技术支持。我们应该充分发挥科技的力量，同时也要坚守法律和道德的底线，确保科技在司法领域的应用始终沿着正确的方向发展。

活动二　探究人工智能应用的行业

预备知识：人工智能在农业、工业及服务业的应用

一、人工智能在农业领域的应用

在农业领域，人工智能的应用正逐渐改变着传统的农业生产方式，在提高生产效率和产量的同时也为农民带来了更多的便利和收益。

(1) 智能农业机器人已经成为农业现代化的重要工具之一。这些机器人可以在农田中自主导航，完成播种、浇水、除草等农业操作，而且不需要人类干预，大大节省了人力成本。此外，这些机器人还可以通过搜索引擎等方式获取天气信息，从而做出更加准确的决策，提高农业生产效率。

(2) 人工智能在精准农业方面也发挥着重要作用。利用 AI 技术，可以通过无人机、卫星遥感等手段获取农田信息，再通过大数据分析处理，为农田管理提供更加精准的建议和决策支持。比如，可以根据土壤信息和作物生长情况，智能调整灌溉和施肥方案，提高作物产量和质量。

(3) 在农业病虫害防护领域，人工智能也发挥着越来越重要的作用。通过深度学习等技术，可以训练出能够智能识别作物病虫害的模型，为农民提供更加准确和及时的病虫害防治方案，减少农作物损失。

思政小贴士：通过对农业数据的挖掘和分析，人工智能能够为农户提供种植、养殖、销售等环节的决策支持，帮助他们制订更加科学、合理的生产计划。这不仅可以提高农业生产效率，还可以增加农民的收入。农民应积极拥抱新技术，勇于尝试新的生产方式和管理模式，通过创新实现农业生产的转型升级。

二、人工智能在工业领域的应用

在工业领域，人工智能的应用正在推动工业生产向智能化、高效化方向迈进，为企业带来前所未有的生产力和竞争优势。

(1) 智能工业机器人在生产线上的广泛应用，使得生产流程更加自动化和精准。这些机器人不仅能够执行重复性的任务，还能通过机器视觉等技术实现精确的操作和检测，提高产品质量和生产效率。同时，它们还可以根据实时数据进行自适应调整，优化生产流程，减少浪费和成本。

(2) 人工智能在数据分析与预测方面展现出巨大潜力。通过对工业设备的实时监测和数据分析，AI 能够预测设备的故障和维护需求，提前进行预防性维护，减少生产中断的风险。此外，AI 还可以根据历史数据和市场需求，预测产品的销量和趋势，帮助企业做出更明智的生产计划和市场策略。

(3) 在供应链管理方面，人工智能也发挥着关键作用。通过智能算法和大数据分析，AI 能够优化物料采购、库存管理和物流配送等环节，提高供应链的响应速度和效率。这不仅可以降低库存成本，还能减少缺货和滞销的风险，提升企业的市场竞争力。

(4) 在工业领域，安全是至关重要的。人工智能可以协助人们实现工厂的安全监控，通过视频和传感器数据分析来检测异常行为和潜在风险。这有助于人们及时发现并处理安全隐患，保障员工和设备的安全。

(5) 人工智能与工业物联网 (Industrial Internet of Things，IIoT) 的结合，使得工业设备、传感器和系统的连接更加紧密和智能。通过实时收集和分析 IIoT 数据，AI 可以提供有价值的洞察，帮助企业优化生产流程、提高能源效率，并开发新的商业模式和服务。

三、人工智能在服务业领域的应用

在服务业领域，人工智能正在逐步改变传统的服务模式，提升了服务质量和服务效率，为消费者带来了更加便捷和舒适的体验。

(1) 智能客服系统已成为服务业的一大亮点。通过自然语言处理技术，这些系统能够准确理解并回应客户的各种问题和需求，无论是查询订单状态、解决服务问题还是提供产品推荐，都能迅速给出专业而满意的答复。这极大地减轻了人工客服的工作负担，同时也提升了客户的满意度。

(2) 个性化推荐服务在服务业中也得到了广泛应用。借助人工智能技术，商家可以分析消费者的历史行为、偏好和需求，从而为他们提供个性化的商品或服务推荐。这不仅提高了消费者的购买意愿，也增加了商家的销售额。

(3) 人工智能可以应用于支付环节，实现快速、安全的支付与结算。例如，通过人脸识别技术，用户可以在无须携带任何支付工具的情况下完成支付；而智能分析系统则可以对支付数据进行实时监控和分析，确保交易的安全性和合规性。

(4) 在餐饮、酒店等行业中，人工智能也在助力提升服务品质。例如，通过智能点餐系统，顾客可以方便快捷地完成点餐和支付；而智能酒店管理系统则可以根据客人的喜好和需求，自动调整房间温度、湿度和灯光等环境参数，为客人提供更为舒适和贴心的住宿体验。

> 思政小贴士：人工智能在工业领域的应用促进了资源的节约与环境的保护。通过智能监控和数据分析，工业生产过程中的能源消耗和排放得以精确控制，实现了资源的最大化利用和环境的最小化影响。这种对资源节约和环境保护的重视，与可持续发展理念相契合，体现了人类对于自然环境的尊重与呵护。

学习任务：探究人工智能在游戏领域的应用

人工智能在游戏领域的应用日益广泛，极大地提升了游戏体验并拓展了游戏的可能性。

(1) 在游戏角色与剧情设计方面，人工智能赋予了游戏角色更加逼真、智能的行为模式。通过深度学习，游戏中的角色可以实时感知并响应玩家的动作和指令，展现出更加自然、生动的互动。同时，AI 算法还可以生成丰富的剧情和故事线，使游戏情节更加跌宕起伏、扣人心弦。

(2) 在游戏竞技方面，人工智能为玩家提供了更加公平、激烈的对战体验。通过智能匹配算法，游戏能够确保玩家与实力相近的对手进行对战，提高了竞技的公平性和挑战性。同时，AI 还可以分析玩家的游戏数据和策略，提供个性化的建议和指导，帮助玩家提升游戏水平。

(3) 在游戏开发中，AI 可以协助开发者进行场景构建、角色建模等工作，提高了开发效率和质量。

(4) 在游戏测试中，AI 可以模拟大量玩家的行为和操作，帮助开发者发现潜在的问题和漏洞，优化了游戏体验。

(5) 虚拟现实和增强现实技术结合人工智能为游戏带来了前所未有的沉浸式体验。AI 可以实时处理玩家的动作和指令，为玩家提供更加真实、自然的交互体验。同时，AI 还可以根据玩家的喜好和行为模式，为玩家推荐个性化的游戏内容和体验。

> 思政小贴士：人工智能在游戏领域的应用也提醒我们要注意游戏对自身的影响。虽然游戏可以使我们放松，但过度沉迷游戏也可能对我们的身心健康产生负面影响。因此，我们应该树立正确的游戏观念，合理安排游戏时间，确保游戏成为生活中的有益补充而不是负面影响。

模 块 总 结

　　在本模块学习中，我们了解了人工智能的基本特征与分类，特别是弱人工智能与强人工智能的差异。同时，我们掌握了符号主义、连接主义和行为主义等主要研究学派。回顾人工智能的发展历程，我们重点关注了关键事件和技术突破，并认识到中国在人工智能领域的快速发展和巨大潜力。本模块强调算法、算力和数据作为支撑人工智能技术的核心要素。我们熟悉了人工智能在农业、工业、服务业等行业的应用，展现其跨领域创造价值的巨大潜力。未来，我们将继续关注人工智能的发展动态，探索其更多应用可能性，为推动技术进步贡献力量。

模 块 评 价

　　1. 根据课堂提问及课后习题的完成情况，判断自身对人工智能的定义及分类方法的掌握情况。

　　2. 通过课前预习、课中回答、课后总结的方式，了解自身对人工智能研究中主要学派知识的掌握情况。

　　3. 通过对人工智能的发展历程和我国在人工智能领域的发展现状，判断自身的知识掌握情况。

　　4. 通过对人工智能技术的关键要素和人工智能在各行业中的应用的梳理情况，判断自身的知识掌握情况。

序号	学 习 内 容	学生自评		
1	掌握人工智能的定义及分类方法	□掌握	□基本掌握	□继续练习
2	掌握人工智能研究的主要学派	□掌握	□基本掌握	□继续练习
3	掌握人工智能的发展历程	□掌握	□基本掌握	□继续练习
4	掌握我国在人工智能领域的发展现状	□掌握	□基本掌握	□继续练习
5	掌握人工智能在各行业中的应用	□掌握	□基本掌握	□继续练习

模块二
人工智能相关技术

知识目标

1. 了解数字图像识别技术的原理及相关应用。
2. 了解语音识别技术的原理知识及应用领域。
3. 熟悉深度学习的本质特征与技术应用。
4. 掌握自然语言处理技术的定义、原理及行业应用。

技能目标

1. 根据所学知识内容完成"remove.bg"模块与"图像识别在工业领域应用"模块的训练。

2. 根据所学知识内容完成"苹果语音识别系统运行"模块与"讯飞智能翻译平台"模块的训练。

3. 根据所学知识内容完成"百度飞桨"模块与"淘宝特征提取"模块的训练。

4. 根据所学知识内容完成"阿里云 NLP"模块与"火山写作"模块的训练。

素质目标

1. 通过对"remove.bg"模块的使用，培养学生沟通能力、团队合作及协调能力，提升图像识别技术的知识储备。

2. 通过学习"百度飞桨"模块知识，培养学生分析和解决问题的能力。

3. 通过对"阿里云 NLP"模块的学习，培养学生的科学创造能力和创新精神。

任务一　探究数字图像识别技术

本任务的两个活动分别介绍了数字图像识别技术及其应用，并在初步了解常用数字图像处理软件的基础上，安排了 Remove.bg 软件的操作任务。本任务旨在使学生了解数字图像识别技术在电商购物、农业、金融、医疗、娱乐监管等领域的应用，以及完成图像识别在工业领域应用的小论文。

学习导图

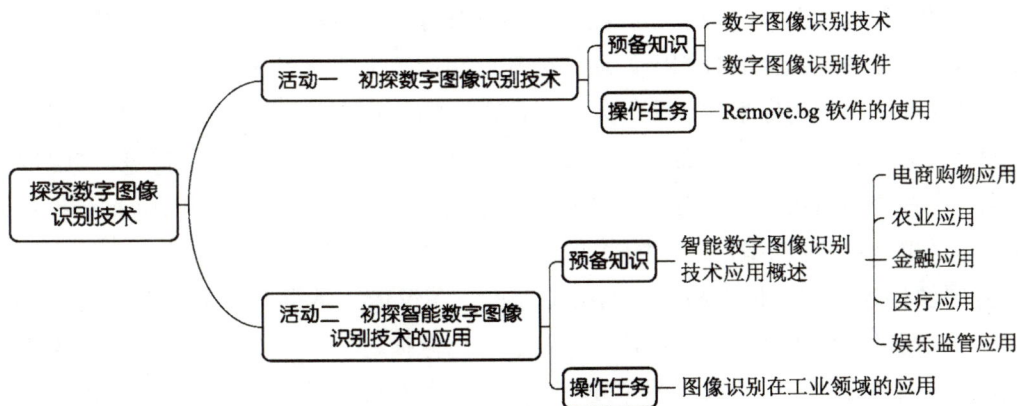

活动一　初探数字图像识别技术

预备知识：数字图像识别技术及软件

一、数字图像识别技术

1. 数字图像处理

数字图像处理 (Digital Image Processing，DIP) 是对数字图像进行处理，识别或提取相关信息且利用计算机对其进行处理。目前为止，人类获取外部世界的信息中，80% 左右都来源于视觉，视觉信息处理离不开数字图像处理，因此数字图像处理技术具有非常重要的作用，目前已在诸多领域被广泛应用。

数字图像处理的方法包括图像变换、图像增强和复原、图像分割、图像描述、图像分类 (识别)。

(1) 图像变换是在图像处理过程中将图像从一种形式转换为另一种形式的方法。常见的图像变换包括傅里叶变换、余弦变换、小波变换等。这些变换可以将图像从空间域转换到频率域，或者将图像从一种尺度转换到另一种尺度，不仅可减少计算量，而且可获得更有效的处理。目前新兴的小波变换继承和发展了短时傅里叶变换局部化的思想，同时又克服了窗口大小不随频率变化等缺点，能够提供一个随频率改变的时间 - 频率窗口，是进行信号时频分析和处理的理想工具。

(2) 图像增强和复原的目的是恢复图像的原始状态或者改善图像的质量。图像增强是为了改善图像的视觉效果，增强图像的整体或局部特性，扩大图像中不同物体特征之间的差别，抑制不感兴趣的特征，以改善图像质量，丰富信息量，加强图像判读和识别效果，满足某些特殊分析的需要。图像复原要求对图像降质的原因有一定的了解，根据降质过程建立"降质模型"，再采用某种滤波方法，恢复或重建原来的图像。

(3) 图像分割是数字图像处理中的关键技术之一。图像分割是将图像中有意义的特征部分提取出来，包括图像的边缘、区域和空间位置等，这是进一步进行图像识别、分析和理解的基础。在灰度图像的分割中，通常会基于图像亮度的两个基本特性：不连续性和相似性。对于区域内部的像素，一般会认为它们具有灰度相似性，而对于区域边界上的像素，则一般会认为它们具有灰度不连续性。虽然目前已开发出许多边缘提取、区域分割的方法，但并未有一种普遍适用于各类图像分割的有效方法。因此，对图像分割的研究方案仍需不断优化，这也是目前数字图像处理研究的关键领域之一。

(4) 图像描述是图像识别和理解的必要前提。图像描述是指使用文字来描述给定的图像内容，以帮助人们更好地理解图像中的信息。图像描述通常分为两大类：基于区域的方法和基于全图的方法。随着数字图像处理研究的深入发展，已经开始进行三维物体描述的研究，描述方法涵盖体积、表面、广义圆柱体等。

(5) 图像分类 (识别) 属于模式识别的范畴。图像经过某些预处理 (增强、复原、压缩) 后，进行分割和特征提取，从而进行判决分类。图像分类的应用非常广泛，包括但不限于人脸识别、物体检测、场景分类、图像语义分割等。例如，在人脸识别中，图像分类可以用于人脸检测和人脸对齐，进而识别出不同的人脸；在物体检测中，图像分类可以用于检测图像中的物体并标注其位置；在场景分类中，图像分类可以用于识别图像所表达的场景类型，如自然风景、城市景观等；在图像语义分割中，图像分类可以用于分割图像中的不同语义区域。

2. 数字图像处理技术的起源与发展

数字图像处理技术作为一门智能类学科，起源于 20 世纪 60 年代初期。早期的数字图像处理主要是改善图像的识别清晰度，增强视觉效果。

自 1964 年起，美国喷气推进实验室对航天探测器"徘徊者 7 号"由月球发回的几千张照片进行了数字图像处理技术，并且分析了太阳位置与月球环境的相互影响，经过计算机处理成功勾勒出月球表面的全景地图，而后通过数字图像处理技术处理了近十万张探测飞船传回的照片，从而获得了月球的地形图、彩色图及全景镶嵌图，为人类成功登月奠定了宝贵的基础，不仅如此，其对推动数字图像处理这门学科的发展也起到了积极作用。

1972 年，英国 EMI 公司工程师 Housfield 发明了一款用于头颅疾病诊断的 X 射线计算机断层摄影装置 (X-ray Computed Tomography，CT)；1975 年 EMI 公司又成功研制出全身用的 CT 装置，获得了人体各个部位鲜明清晰的断层图像。这项无损伤诊疗技术为人类健康生活发展作出了不菲的贡献。

20 世纪 70 年代中期，随着计算机技术、信号处理技术、传感器技术、人工智能等先进智能技术的飞快发展，数字图像处理技术涉及的领域更高，延伸的范围更广，收获了宝贵的实际经验以及惊人的社会经济效益。人们开始探讨研究计算机解释图像的具体施行计划，通过模拟人类视觉系统感知外部世界。众多国家，尤其是先进发达国家为了开展这项研究投入了巨大的人力、物力，取得了显著的研究成果。其中有代表性的成果就是 70 年代末 MIT 的 Marr 提出的视觉计算理论，这个理论为今天的计算机视觉领域发展奠基了基石。由于人类对自身的视觉过程原理认知还不够清晰，因此计算机视觉的价值性发展还有待于人类进一步开发。

3. 数字图像识别系统

数字图像识别系统一般是由数字图像获取、数字图像预处理、数字图像特征提取、数字图像识别等环节构成的，如图 2-1 所示。

数字图像获取 → 数字图像预处理 → 数字图像特征提取 → 数字图像识别

图 2-1　数字图像识别系统的组成

(1) 数字图像获取是指通过摄像头等装置收集图像，并将图像内容上传至计算机中。

(2) 数字图像预处理的目的是消除图像中无关的信息，恢复有用信息，增强有关信息的可检测性，最大限度地简化数据，将原图还原为一张质量清晰的点线图。

(3) 数字图像特征提取是计算机视觉和图像处理中的一个概念。它指的是使用计算机提取图像信息，决定每个图像的点是否属于一个图像特征。特征提取的结果是把图像上的点分为不同的子集，这些子集往往属于孤立的点、连续的曲线或者连续的区域。

(4) 数字图像识别的主要任务是通过对图像中像素分布及颜色、纹理等特征的统计，将图像内容所属类别进行正确的分类。

4. 数字图像识别技术的作用

随着科技创新以及智能化技术、设备的不断进步，数字图像识别技术的应用领域逐步普及于各个行业之中，重点表现为以下几个方面：

(1) 在人工智能领域，通过图像识别技术可以提高图片处理的精度与速度，在生产作业中更加准确与高效。

(2) 在农业领域，通过图像识别技术可以更好地把握农作物的生长状况。

(3) 在工业领域，图像识别技术可以很好地针对不同种类产品进行分类，提高企业的生产效率，降低人力成本。

(4) 在公安安防领域，图像识别技术可以通过人脸识别锁定嫌疑人，维护社会治安。

二、数字图像识别软件

常见的具有数字图像识别功能的软件主要有 Remove.bg、扫描全能王、PRome AI。

1. Remove.bg

Remove.bg 是一款先进的基于人工智能的在线服务，它只需几秒钟就能从图片中精准定位背景，简单高效地去除图片背景。它支持的格式主要有 PNG 与 JPG 格式，并能够处理 Mpx 格式的图片，对于白色背景的图片，通过去除自定义背景功能，可以去除任何复杂背景。此外，Remove.bg 还具备 5 s 极速抠图的功能，可 100% 实现人像抠图或旅游照抠图。

2. 扫描全能王

扫描全能王是一款手机扫描软件，它可以将纸质文档转换为数字文件，方便用户进行保存、分享和管理。该软件支持多种格式的文件输出，包括 PDF、JPEG、PNG 等，并且可以进行加密和权限控制，确保文档的安全性。

除了基本的扫描功能，扫描全能王还提供了多种附加功能，如 OCR 文字识别、图片修复、文档编辑等，可以满足用户在不同场景下的需求。此外，该软件还支持多设备同步和备份，可以轻松实现跨设备的工作协同。

总的来说，扫描全能王是一款非常实用的手机扫描软件，它可以帮助用户高效地处理和管理工作中的文档，并且可以随时随地使用，非常方便。

3. PRome AI

随着人工智能技术的不断发展，智能图像处理已经成为了当下最热门的技术之一。PRome AI 作为智能图像处理领域的一款新兴产品，以其强大的功能和易于使用的界面，迅速成为了大众喜爱的工具之一。

PRome AI 拥有强大的人工智能驱动设计助手和广泛可控的 AIGC(C-AIGC) 模型风格库，能够轻松地创造出令人惊叹的图形、视频和动画。无论是经验丰富的设计师还是初学者，PRome AI 可以将用户的想象力变为现实。PRome AI 是建筑师、室内设计师、产品设计师和游戏动漫设计师的必备工具。

操作任务：Remove.bg 软件的使用

使用 Remove.bg 软件更换图片背景，具体操作步骤如下：

(1) 打开浏览器，输入 https://www.remove.bg/zh/upload 网址，进入 Remove.bg 主界面，如图 2-2 所示。

(2) 进入 Remove.bg 主界面后，单击"Upload image"按钮，进入上传图片的页面，如图 2-3 所示。

图 2-2　主界面视图

图 2-3　上传图片页面

（3）单击"上传图片"按钮，进入图片选择页面，选择需要去除背景的图片。图片上传后的页面如图 2-4 所示。

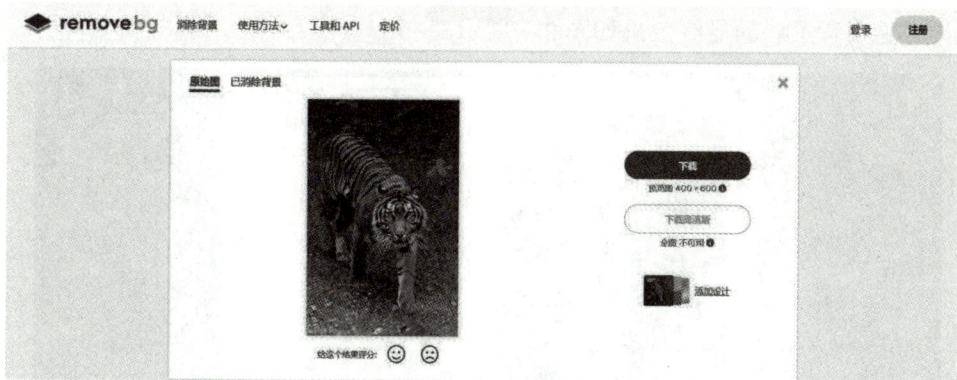

图 2-4　导入图片

上传图片后自动生成抠图效果，如图 2-5 所示。

（4）单击"下载"按钮，下载常规图片。如果要下载高清图片，则单击"下载高清版"按钮。

图 2-5 自动生成抠图

(5) 在右边的"背景"选项卡中单击选择需要的背景，导入背景，就可出现背景选取画面，如图 2-6 所示。

图 2-6 选取背景图

(6) 如果对更换的背景不满意，则可以单击"擦除"按钮，根据设计需求调整最终的图片效果。更换背景后的最终效果如图 2-7 所示。

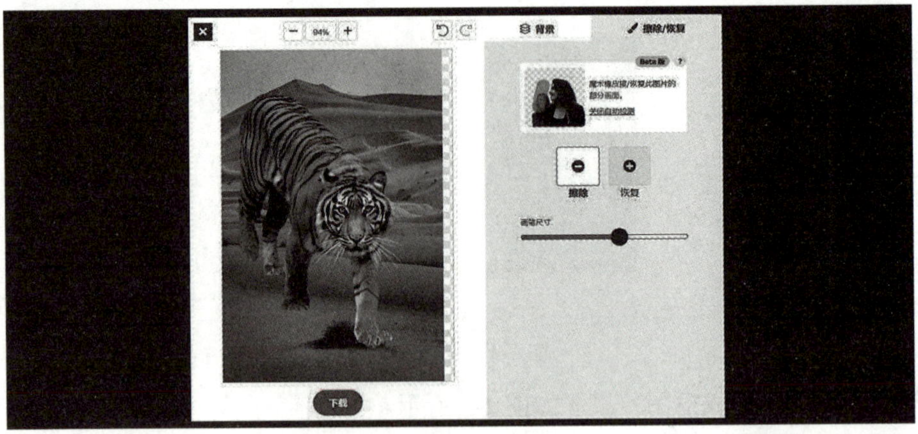

图 2-7 调整最终图片

思政小贴士：随着人工智能技术的不断发展与壮大，在运用图像识别技术的同时，需要时刻注意并遵守相关法律法规，增强法治观念；在案例分析和模拟演练中要时刻关注自身道德品质的培养，提高自我保护意识，合理运用相关技术。

活动二　初探智能数字图像识别技术的应用

思政小贴士：随着图像识别技术的应用范围逐渐拓展，对智能化、灵活化提出了更高的要求，在学习的过程中要注重思考人机协作的意义和挑战，提升自身团队协作和沟通能力。

预备知识：智能数字图像识别技术应用概述

随着人类社会的发展和智能技术的不断革新，智能数字图像识别技术已经在众多领域展现出强大的实力和广泛的应用前景，每天有成千上万的企业与数百万的消费者都在使用这项技术。根据实际生产生活中的应用，了解智能数字图像识别行业发展态势对于高职高专的学生来说至关重要。

一、电商购物应用

网购时，消费者通过对图像的识别对所需商品进行搜索。当消费者将鼠标点击某个感兴趣的商品上时，就可以查找到与其相似的款式；同时通过调整算法，还能猜测消费者的需求。当然，搜索结果并不是万能的，特定条件下存在着不能提供完全匹配商品的可能性。尽管如此，搜索仍然会为消费者推荐最为接近的商品，尽可能满足消费者的购物需求。这对于商家来说也是一种特定的引流方式，对于增加移动端用户黏度起到极为重要的作用。

二、农业应用

在农业领域，农业的生产模式已经从传统农耕方式转化为了精细化的农业作业模式，利用动态图像处理技术可以进行农药喷洒与变量化施肥。在农药喷洒与施肥的实施过程中，需要对农作物及杂草图像进行分析和处理，通过对种植区域的图像进行分析和处理，可以得出土壤湿度、养分分布等信息，帮助农民制订更加科学的种植计划，提高种植效率和产量。这也符合国家提出的使用农药和化肥的高效无污染要求。

三、金融应用

在金融领域，图像处理技术可以帮助金融机构更准确地识别和验证用户的身份信息。

比如，在传统金融中，用户在申请银行贷款或证券开户时，必须到实体门店做身份信息核实，完成面签。如今，通过人脸识别技术，对客户的照片和视频资料进行图像识别和处理，提取出客户的特征和行为信息，并利用这些信息对客户进行分类、分析和预测，以制订更加精准的营销策略和服务方案。

四、医疗应用

在医疗健康被极度重视的当下，越来越多的医疗设备结合图像处理技术，如医学影像分析，可以对医学影像进行各种处理和分析，帮助医生更好地诊断疾病和制订治疗方案。例如，通过对 X 光、CT、MRI 等医学影像进行图像处理，可以提取出病变位置、大小、形状等信息，帮助医生判断病情和制订手术方案。不仅如此，图像处理技术可以用于病理分析，帮助医生对病理切片进行数字化处理和分析，提高病理诊断的准确性和效率。例如，通过对病理切片的图像进行自动分割、特征提取、分类等处理，可以辅助医生进行肿瘤良恶性判断、细胞分型等病理诊断。

五、娱乐监管应用

以视频直播为例，直播内容的审查鉴定可以从以下几个方面展开：

(1) 识别图像中是否存在人物体征，并统计人数；识别图像中人物的性别、年龄区间。

(2) 识别人物的肤色、肢体器官暴露程度，以及人物的肢体轮廓，分析动作行为。

除图像识别之外，还可以从音频信息中提取关键特征，判断是否存在敏感信息；通过实时分析弹幕文本内容，可判断当前视频是否存在违规行为，并动态调节图像采集频率。

操作任务：图像识别在工业领域的应用

查询图像识别在工业领域的应用后，完成一篇小论文，具体步骤如下：

(1) 打开任意浏览器，输入 www.baidu.com 网址，进入百度搜索引擎主界面，如图 2-8 所示。

图 2-8　百度搜索引擎界面

(2) 在搜索框中输入"图像识别在工业领域的应用"，单击"百度一下"按钮或按"Enter"按键，弹出如图 2-9 所示的页面。

(3) 单击搜索框下面的"视频"选项，关于图像识别在工业领域的应用的视频出现在页面中，如图 2-10 所示。点击观看 3～5 个视频，如图 2-11 所示。

图 2-9　搜索界面

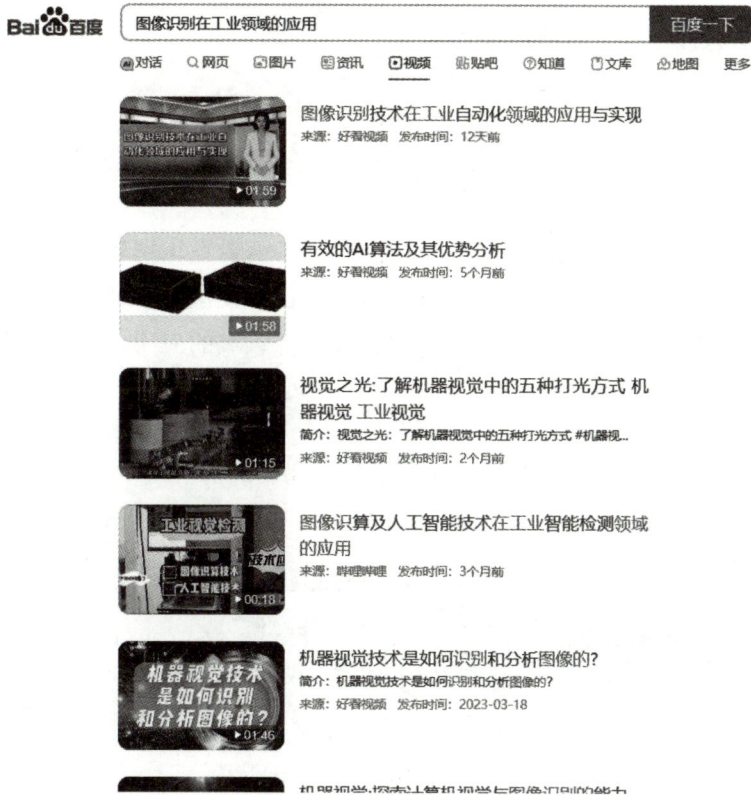

图 2-10　"图像识别在工业领域的应用"视频搜索结果

图 2-11　视频观看

(4) 截取相应的片段图片，根据自己的理解完成一篇 800~1000 字的小论文。

(5) 寻找 1~2 款图像识别软件，并进行应用描述。

任务二　探究语音识别技术

本任务的两个活动分别介绍了语音识别技术及其应用，并在了解语音识别软件的基础上，安排了体验手机语音识别系统和平台两个操作任务。本任务旨在使学生了解语音识别技术在语音智能教育、语音机器翻译、智能家居和无人驾驶技术等领域的应用，以及掌握语音识别系统和语音识别平台的简单操作。

学习导图

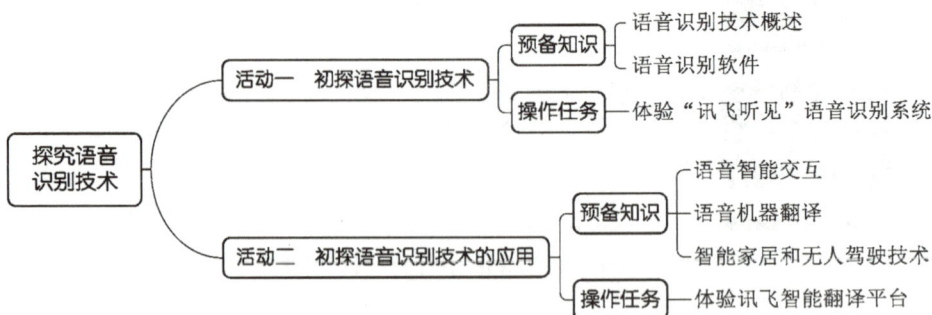

活动一　初探语音识别技术

思政小贴士：语音识别技术作为人工智能的重要分支，推动了社会的智能化进程，降低了使用电子设备的难度，促进了社会的无障碍交流，大大提高了人们的沟通效率，但在使用语音识别技术时需注意数据隐私和安全问题，不可盲目滥用，危害社会的稳定和谐。

预备知识：语音识别技术及软件

一、语音识别技术概述

1. 语音识别技术

语音识别技术是一种让机器通过分析和理解语音信号来识别、转换或输出人类口述语言的技术。它涉及多个学科领域，包括信号处理、人工智能、自然语言处理等，旨在实现语音到文本的转换或文本到语音的合成，从而帮助机器理解人类的语言并实现人机交互。其主要任务是在处理语音信号的基础上，通过模式识别技术对语音特征进行提取，进而识别出人类口述的语言，实现文字的转换。

语音识别的方法包括基于声道模型和语音知识、模板匹配、利用人工神经网络。

(1) 基于声道模型和语音知识：利用语音学和声学知识，建立声道模型和语音知识库，通过分析语音信号的频谱特征、时域特征等，识别出语音信号中所包含的音素或单词。这种方法的实现过程通常包括语音信号的预处理、特征提取、模式匹配和判决等步骤。这种方法起步较早，在语音识别技术提出的开始，就有了这方面的研究，但由于其模型及相关语音知识过于复杂，现阶段没有达到实用的阶段。

(2) 模板匹配：这是一种基于参考模板的方法，其基本思想是将未知模式与参考模板库中的模式进行比较，找到最相似的模式作为识别结果。参考模板是通过训练阶段获得的，是将大量已知模式的特征参数进行一定的处理后建立的。在识别阶段，将未知模式的特征参数与模板库中的参考模板进行比较，找到最相似的模板作为识别结果。模板匹配的方法需要解决两个关键问题：如何选择和表示参考模板，以及如何比较参考模板和未知模式。在选择和表示参考模板时，需要考虑语音信号的特性和语音识别的任务。在比较参考模板和未知模式时，可以采用距离度量方法，如欧几里得距离、曼哈顿距离等。

(3) 利用人工神经网络：在语音识别技术中，人工神经网络 (ANN) 被广泛应用于训练和调试模型。它模拟了人类神经活动的原理，具有自适应性、并行性、鲁棒性、容错性和学习特性，并且具有强大的分类能力和输入 - 输出映射能力。在语音识别领域，人工神经网络可以用于提取语音特征、分析和理解语音信号，并最终输出识别结果。

2. 语音识别技术的起源发展

20 世纪 50 年代，语音识别技术的研究工作主要是基于模板匹配的方法，即将语音信号与预先录制的模板进行匹配。然而，这种方法受限于存储和模板匹配的准确性，无法适应复杂的语音场景。

从 20 世纪 60 年代开始，基于统计建模的方法开始在语音识别中得到广泛应用。其中，隐马尔可夫模型 (HMM) 成为主流方法。该模型通过建立声学模型和语言模型，实现对连续语音的识别。统计建模方法可显著提高语音识别的准确性和鲁棒性。

从 20 世纪 70 年代到 90 年代，基于声道模型和语音知识的方法也得到了发展。这种方法利用语音学和声学知识建立声道模型和语音知识库，通过分析语音信号的频谱特征、时域特征等，识别出语音信号中所包含的音素或单词。

目前，语音识别技术已经得到了广泛应用，如智能手机、智能家居、自动驾驶等。随着科学技术的不断进步和应用场景的不断扩展，语音识别技术将继续发挥重要作用，为人们的生活带来更多的便利和智能化。

3. 语音识别系统

在语音识别系统中，我们需要经历四个主要的阶段：预处理、特征提取、声学模型训练和后处理。

(1) 预处理是语音识别的第一步，它的主要目以去除背景噪声，使音量正常化，并过滤掉无关的声音，以提高语音识别系统的准确性。通过这些处理，可以减少背景噪声、确定语音的起始点和结束点，以便更准确地提取语音信号的特征。

(2) 特征提取是指从语音信号中提取出具有代表性的特征，通过特征提取音频输入被转换为一组代表语音信号的特征，这些特征通常被称为声学特征。特征提取的主要方法包括线性预测编码 (LPC)、梅尔频率倒谱系数 (MFCCS) 等。

(3) 声学模型训练是指使用特征提取出来的特征向量来训练声学模型。声学模型是语音识别的核心，它用于预测输入的声学特征对应的文字，将输入特征映射到语音单位，如音素或子音素单位。声学模型是在大量标记过的语音数据上训练的，这些数据包括音频输入和其相应的转录。声学模型可以学习到从声音到文字的映射关系，从而实现语音识别。

(4) 解码也被称为后处理。声学模型和语言模型的综合输出被用来为输入的语音生成一个可能的单词序列或假设的列表。

语音识别是一种复杂的人工智能技术，通过不断地研究和改进，我们可以提高语音识别的准确性和效率，从而为人们带来更加智能化的语音交互体验。

4. 语音识别技术的作用

随着科技创新以及智能化技术、设备的不断进步，语音识别技术的应用领域逐步普及于各个行业之中，重点表现为以下几个方面：

(1) 提高工作效率。通过语音识别技术，用户可以无须动手输入文字信息，可快速地将语音转化为文字，大大提高了工作效率。

(2) 方便快捷的输入方式。对于那些视觉或运动功能受限的人来说，语音识别技术提供了更为方便快捷的输入方式，增强了他们使用电子设备的能力。

(3) 实现多语言翻译。语音识别技术可以应用于翻译领域，将一种语言的语音转化为另一种语言的语音，为跨语言交流提供了便利。

(4) 智能家居控制。通过语音识别技术，用户可以在不接触家居设备的情况下，通过语音指令控制家居设备的开关、温度、湿度等，方便了生活。

(5) 智能客服。在电商、服务等行业中，通过语音识别技术，用户可以与智能客服进行语音对话，获取信息并解决问题等，提高了服务效率和质量。

二、语音识别软件

具有语音识别功能的软件有苹果公司的 Siri、小米的小爱、百度的百度语音助手等。

1. Siri

Siri 是苹果公司开发的语音助手，利用 Siri 用户可以通过手机查找信息、拨打电话、发送信息、获取路线、播放音乐、查找苹果设备等。Siri 使用自然语言处理技术，使其可以支持自然语言输入，甚至可以回答用户的提问，并且可以执行一些基于文本的任务。Siri 可以帮助用户发送短信、管理日程、进行语音备忘等。Siri 也可以与其他苹果设备无缝集成，如 iPad、Mac 等设备。

Siri 语音助手不仅可以在 iPhone 手机上使用，也可以在 iPad、iPod Touch、Mac 等苹果设备上使用。Siri 语音助手是苹果设备中比较受欢迎的辅助功能之一，可以帮助用户更方便地使用设备，同时也可以提高用户的工作效率和生活质量。

2. 小爱同学

小爱同学是小米旗下的人工智能语音交互引擎、智联万物的 AI 虚拟助理，作用就是通过简单的语音指令控制手机系统上的功能。它利用云计算，通过互联网提供随时随地的人工智能服务，包括但不限于语言翻译、文字识别、语音识别、图像识别、信息推荐等。用户可以通过语音与小爱同学进行交流，如查询天气、播放音乐、发送短信等。同时，小爱同学还具备连续对话、全局对话、多模态交互等能力，可与智能家居设备进行连接，实现智能家居控制等功能。总的来说，小爱同学的出现极大地便利了人们的生活，使人们能够更方便地获取信息、控制设备等。

3. 百度语音助手

百度语音助手是一款基于百度强大的语音识别技术和人工智能技术的智能语音助手软

件。它可以帮助用户通过语音指令快速发起搜索，查询信息、发送短信、播放音乐、查询天气等，让用户的生活更加便捷、高效。此外，它还具有连续对话、全局对话、多模态交互等能力，可与智能家居设备进行连接，实现智能家居控制等功能。同时，它还支持多种语言输入和翻译功能，让用户可以更加方便地进行跨语言交流。

百度语音助手采用了业界领先的语音识别技术，具有高准确率、低误识率、高远场唤醒率等特点，让用户可以更加自然、流畅地使用各种功能。同时，它还结合了百度强大的搜索引擎技术，可以为用户提供更加精准、全面的搜索结果。

操作任务：体验"讯飞听见"语音识别系统

在手机应用商店中搜索"讯飞听见"，找到"讯飞听见"APP，下载并安装后，按照以下步骤体验手机语音识别。

(1) 打开手机，在手机页面点击"讯飞听见"图标，进入主页面，如图 2-12 所示。

(2) 在主页面点击"登录"选项，进入"登录"页面，如图 2-13 所示。

图 2-12　"讯飞听见"图标

图 2-13　登录账号界面

(3) 上述操作完成后会出现如图 2-14 所示的界面，输入账号和密码即可进入 APP。

(4) 在 APP 内部界面中，点击右下方的"话筒"按钮，如图 2-15 所示。

(5) 使用语音表达读取一段文字，感受语音识别的准确性，并作简要记录，如图 2-16 所示。

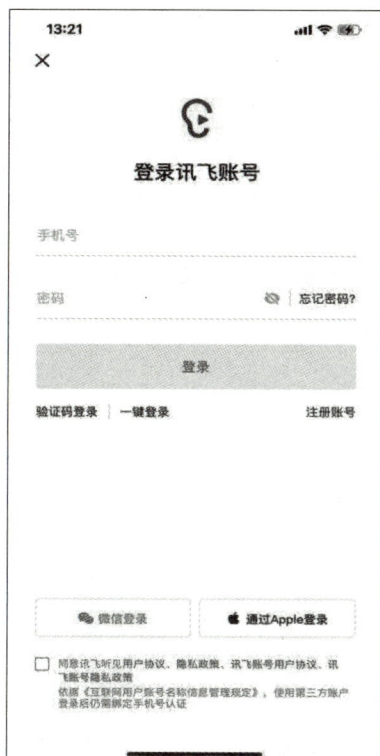

图 2-14　登录账号界面

图 2-15　进入 APP 内部界面

图 2-16　语音识别系统

活动二　初探语音识别技术的应用

> **思政小贴士**：语音识别技术作为前沿科技领域的一部分，学习其应用需要我们具备创新思维和勇于探索的精神。在不断尝试和优化语音识别系统的过程中，我们应当培养独立思考和解决问题的能力，形成创新性的思维方式。

预备知识：语音识别技术应用概述

语音识别技术发展到今天，已经取得了显著的进步，并且识别率高达 98% 以上，对特定人语音识别系统的识别精度则更高。通过本任务的学习，学生能明确语音识别技术的相关应用领域，为将来的就业打下坚实的基础。

一、语音智能交互

语音智能交互是指基于语音识别、语音合成、自然语言理解等技术，实现机器对人类语音指令的理解与执行，从而完成特定任务的人机交互方式。它赋予了机器"能听、会说、懂你"式的智能人机交互体验，让用户可以更自然、便捷地与机器进行交互，也可以帮助用户通过语音指令完成各种操作，如查询信息、发送信息、控制智能家居设备等，从而提高使用效率和生活品质。

二、语音机器翻译

语音机器翻译 (Voice Machine Translation，VMT) 是利用语音识别技术和机器翻译技术实现语音翻译的智能系统。它可以将人类语音转换为文本，然后通过机器翻译技术将文本转换为目标语言，最终输出目标语言的翻译结果。目前，语音机器翻译已经在众多领域得到应用，如旅游、商务会议、文化交流等。在旅游中，用户可以通过语音机器翻译实现不同语言之间的沟通交流；在商务会议中，用户可以通过语音机器翻译实时获取同声传译的翻译结果；在文化交流中，用户可以通过语音机器翻译了解不同国家的文化习俗和风土人情。

三、智能家居和无人驾驶技术

智能家居和无人驾驶技术是当前科技领域中备受关注的两个领域，它们的发展将带来人类生活方式的巨大改变，同时也将对社会和经济产生深远的影响。智能家居技术主要通过智能设备、传感器、控制器等实现家居设备的自动化控制，提高家居的安全性、舒适性和便利性。智能家居技术包括智能照明、智能安防、智能家电、智能窗帘、智能音响等，用户可以通过手机、平板电脑、遥控器等设备对家居进行远程控制、定时控制、场景设置等操作。无人驾驶技术则主要通过传感器、控制器、执行器等实现车辆的自动化驾驶，提高车辆的安全性、舒适性和效率。无人驾驶技术包括车辆定位、路径规划、决策控制等，用户可以通过远程控制、车载控制系统等对车辆进行控制和监控。

操作任务：体验讯飞智能翻译平台

讯飞智能翻译平台的语音翻译操作步骤如下：

(1) 输入网址 https://www.xfyun.cn/，进入讯飞开放平台主界面，如图 2-17 所示。

图 2-17 讯飞开放平台主界面

(2) 进入讯飞开放平台网站之后，点击"登录 / 注册"，输入登录信息，进入"讯飞星火认知大模型"，如图 2-18 所示。

图 2-18 "讯飞星火"界面

(3) 通过浏览当前页面，熟悉"能力星云"的用途及优点，如图 2-19 所示。

(4) 通过下拉当前页面，学习"能力星云"的具体应用领域及相关产品，如图 2-20 所示。

图 2-19 "能力星云"界面

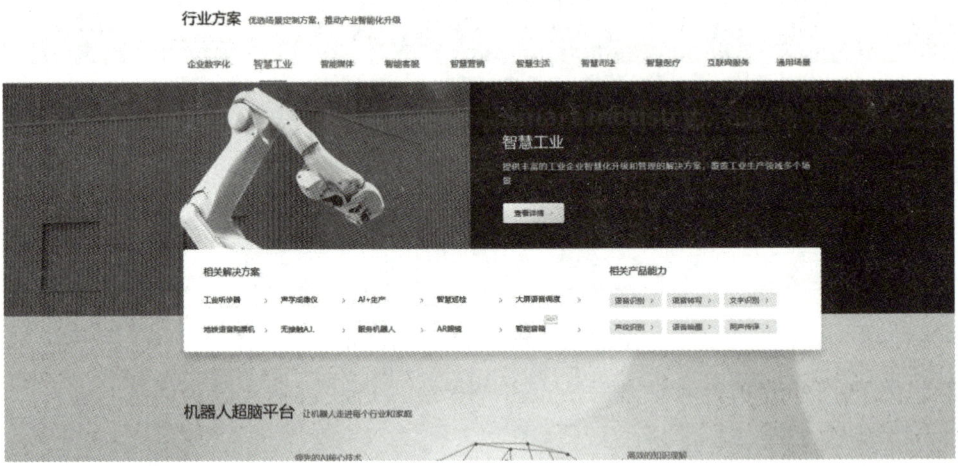

图 2-20 行业方案

(5) 将界面下拉至底部,出现"智能翻译"选择栏,进入"智能翻译"体验语音识别模块,如图 2-21 所示。

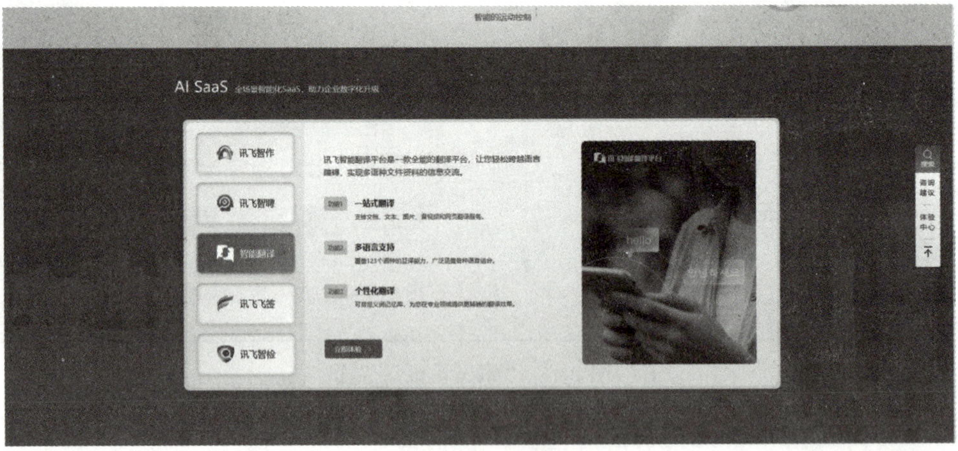

图 2-21 智能翻译

(6) 按住中间语音按钮，叙述一段话，感受语音翻译的效果，如图 2-22 所示。

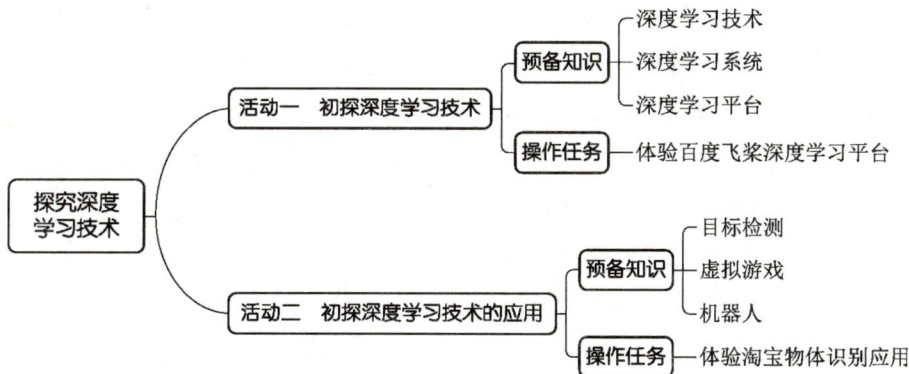

图 2-22　模块训练

任务三　探究深度学习技术

本任务的两个活动分别介绍了深度学习技术及其应用，并安排了体验百度飞桨深度学习平台和淘宝物体识别应用两个操作任务。本任务旨在使学生了解深度学习技术、深度学习系统和深度学习平台，以及深度学习技术在目标检测、虚拟游戏和机器人中的应用，掌握百度飞桨和淘宝物体识别的简单操作。

学习导图

活动一   初探深度学习技术

思政小贴士：深度学习技术可以帮助我们提升跨学科知识的整合与掌握复杂问题解决方法的能力，通过训练和实践，我们能够学会如何分析和解决复杂问题，培养逻辑思维和分析能力，促进自身全面发展，增强文化自信。

预备知识：深度学习技术及平台

一、深度学习技术

深度学习 (Deep Learning，DL) 是一种机器学习技术，起源于人工神经网络的研究，通过构建多层次的神经网络模型，自动学习数据中的内在规律和表示层次，从而实现对复杂数据的理解和分析。这类似于自然界中生物神经大脑的运行机理，多层组织相互连接在一起，进行精准复杂的处理。

1. 深度学习的内容

深度学习的内容包括卷积神经网络、循环神经网络、长短期记忆网络、生成对抗网络、强化学习。

(1) 卷积神经网络：一种专门用来处理具有类似网格结构的数据的神经网络，如图像和语音信号等。卷积神经网络具有表征学习能力，能够按其阶层结构对输入信息进行平移不变分类，因此也被称为"平移不变人工神经网络"。卷积神经网络由输入层、卷积层、池化层和全连接层组成。输入层用于接收原始数据，卷积层通过卷积运算捕捉局部特征，池化层对特征进行降维，全连接层则用于最终的分类或回归任务。卷积神经网络在诸多应用领域都表现优异，尤其在计算机视觉和自然语言处理领域。

(2) 循环神经网络 (RNN)：一种以序列数据为输入，在序列的演进方向进行递归且所有节点按链式连接的递归神经网络。RNN 具有记忆性，其不仅考虑前一时刻的输入，而且赋予了网络对前面内容的一种记忆功能。因此，RNN 在当前时刻的输出与前面的输出有关。在处理序列数据时，RNN 可以捕捉序列中的时间依赖关系，适用于自然语言处理、语音识别、时间序列预报等任务。RNN 是一种特殊类型的神经网络结构，它根据人的认知是基于过往的经验和记忆这一观点提出。

(3) 长短期记忆网络 (LSTM)：一种特殊类型的循环神经网络，专门用于解决传统 RNN 存在的长期依赖问题。LSTM 通过引入记忆单元来解决 RNN 的梯度消失问题，能够在处理长序列数据时有效地捕捉长期依赖关系。LSTM 网络结构中包含一个或多个记忆单元，这些单元负责存储和更新网络的状态信息。LSTM 的核心思想是将当前时刻的输入与过去的记忆结合起来，从而更好地捕捉序列中的长期依赖关系。它通过引入三个门（遗忘门、输入门和输出门）来控制信息的流动和记忆的更新。

(4) 生成对抗网络 (GAN)：一种深度学习模型，由一个生成器和一个判别器组成。生成器负责学习真实数据的分布并生成新的数据，而判别器则负责判断输入数据是否来自真实数据分布。在训练过程中，生成器和判别器会进行对抗性训练，直到生成器能够生成足以"欺骗"判别器的数据。GAN 在许多领域都取得了突破性进展，尤其在计算机视觉领域，如图像生成、图像分割、风格迁移等。GAN 的工作原理可以视作一个二人零和博弈问题，随着时间的推移，生成器和判别器不断地进行对抗，最终达到一个动态平衡：生成器生成的图像接近于真实图像分布，而判别器则无法区分真实图像和生成图像。

(5) 强化学习：机器学习的一个重要分支，其基本思想来自行为心理学的奖励惩罚机制。强化学习主要是关注如何基于环境的反馈来选择或优化行为的问题，以在多步决策的情况下达到最终的目标。在强化学习中，智能体不断地与环境进行交互，通过在环境中采取行动，并从环境中获得状态和奖励的反馈，不断更新其策略，从而最大化长期累积奖励。其中，策略定义了在给定状态下应采取的行动。

2. 深度学习技术的起源与发展

20 世纪 40 年代，心理学家麦卡洛克和数学逻辑学家皮兹发表了论文《神经活动中内在思想的逻辑演算》，提出了 MP 模型。这是第一个基于模拟神经元的结构和工作原理的数学模型，标志着人工神经网络的诞生。

20 世纪 80 年代，感知机算法和 BP 算法等经典算法被提出。这些算法可以自动提取特征，降低了人工神经网络的复杂度和难度。

21 世纪初，深度神经网络 (DNN) 的出现使得深度学习得到了更广泛的应用。DNN 可以自动提取输入数据的特征，使得分类和识别的准确率大大提高。

近 10 年来，深度学习技术得到了飞速发展，尤其是卷积神经网络 (CNN) 和循环神经网络 (RNN) 被广泛应用。CNN 在图像处理和计算机视觉领域取得了突破性进展，而 RNN 则广泛应用于自然语言处理和语音识别等领域。

目前，深度学习已成为人工智能领域的重要支柱，广泛应用于图像识别、语音识别、自然语言处理、推荐系统等领域。同时，深度学习技术也面临着一些挑战，如数据质量和数量不足、模型复杂度较高和计算资源有限等问题。未来的研究将不断探索新的深度学习技术和应用领域，以推动人工智能技术向前发展。

二、深度学习系统

深度学习系统包括数据收集和预处理、模型构建、模型训练、模型评估、模型优化、模型应用。

1. 数据收集和预处理

数据收集和预处理是深度学习流程中的第一步，也是非常重要的一步。数据收集主要是通过各种方式获取相关数据，而数据预处理则是对收集到的数据进行清洗、集成、变换和规约等操作，便于后续进行模型训练和应用。

在数据收集方面，常见的方式包括从公开数据库或数据集网站上下载数据、通过爬虫程序从互联网上抓取数据、从现有应用程序或传感器中导出数据等。根据具体需要，可以选择不同的方式来收集数据。

2. 模型构建

模型构建可以通俗地理解为使用数学模型或计算机模型来模拟现实世界中的某种现象或过程。在这个过程中，人们需要选择合适的模型类型和参数，并建立模型方程来描述数据之间的关系。模型构建可以帮助人们更好地理解现实世界中的问题，预测未来的趋势，并制定更好的决策。

3. 模型训练

模型训练指的是利用特定的算法和数据，使计算机学习并生成一个可以解决特定问题的模型。这个过程可以被想象成"带小孩去公园"，你告诉小孩这个动物是狗、那个也是狗，突然一只猫跑过来，你告诉他这个不是狗，久而久之，小孩就会产生认知模式。这个学习过程就叫作"训练"。

4. 模型评估

模型评估就是对模型的性能进行评估，也就是评估我们的模型在解决实际问题时的表现。我们可以利用具体的性能评价标准来评估模型，例如在分类任务中使用准确率，在回归任务中使用均方根误差等指标。除此之外，我们还要考虑模型的泛化能力，即模型是否能处理未见过的数据。

5. 模型优化

模型优化通常包括两个方面的内容：模型本身参数的优化和模型结构的优化。参数优化通常是指通过梯度下降等优化算法来调整模型中的参数，以最小化损失函数。结构优化通常是指通过添加或减少网络层、改变网络结构等方式来调整模型，以提高模型的泛化能力和性能。

6. 模型应用

模型应用可以理解为将训练好的模型应用到实际的问题中，以解决实际问题。这就像我们在学校里学习各种知识，然后将这些知识应用到实际生活中一样。

三、深度学习平台

深度学习平台有 TensorFlow、PyTorch、百度飞桨等。

1. TensorFlow

TensorFlow 是一个开源的深度学习框架，由 Google 开发并维护。它支持多种语言，包括 Python 和 JavaScript，并可用于构建和训练各种类型的神经网络模型，包括卷积神经网络、循环神经网络等。TensorFlow 拥有多层级结构，可部署于各类服务器、PC 终端和网页并支持 GPU 和 TPU 高性能数值计算，被广泛应用于谷歌内部的产品开发和各领域的科学研究。

2. PyTorch

PyTorch 是一个由 Facebook 开源的 Python 机器学习库，专门针对 GPU 加速的深度神经网络 (DNN) 编程。它既可以看作是加入了 GPU 支持的数据库 Numpy，也可以看作是一个拥有自动求导功能的强大的深度神经网络。与 TensorFlow 的静态计算图不同，PyTorch 的计算图是动态的，可以根据计算需要实时改变计算图。它被广泛应用于自然语言处理、计算机视觉等领域。PyTorch 的设计追求最少的封装，尽量避免重复劳动。

3. 百度飞桨

百度飞桨 (PaddlePaddle) 是百度自主研发的产业级深度学习平台，集深度学习核心训练和推理框架、基础模型库、端到端开发套件及丰富的工具组件于一体。百度飞桨作为中国首个自主研发、功能完备、开源开放的产业级深度学习平台，覆盖了自然语言处理、计算机视觉、推荐和语音等热门领域，提供了丰富的模型库及开发套件，包括 PaddleOCR、PaddleDetection 和 PaddleHub 等，旨在帮助开发者更快、更好地进行端到端的整体开发。百度飞桨具有四大领先技术，包括开发便捷的深度学习框架、超大规模深度学习模型训练技术、多端多平台部署的高性能推理引擎以及产业级开源模型库。

操作任务：体验百度飞桨深度学习平台

使用百度飞桨平台进行波士顿房价预测的步骤如下：

(1) 输入百度飞桨网址 https://www.paddlepaddle.org.cn/，进入百度飞桨平台主界面，如图 2-23 所示。

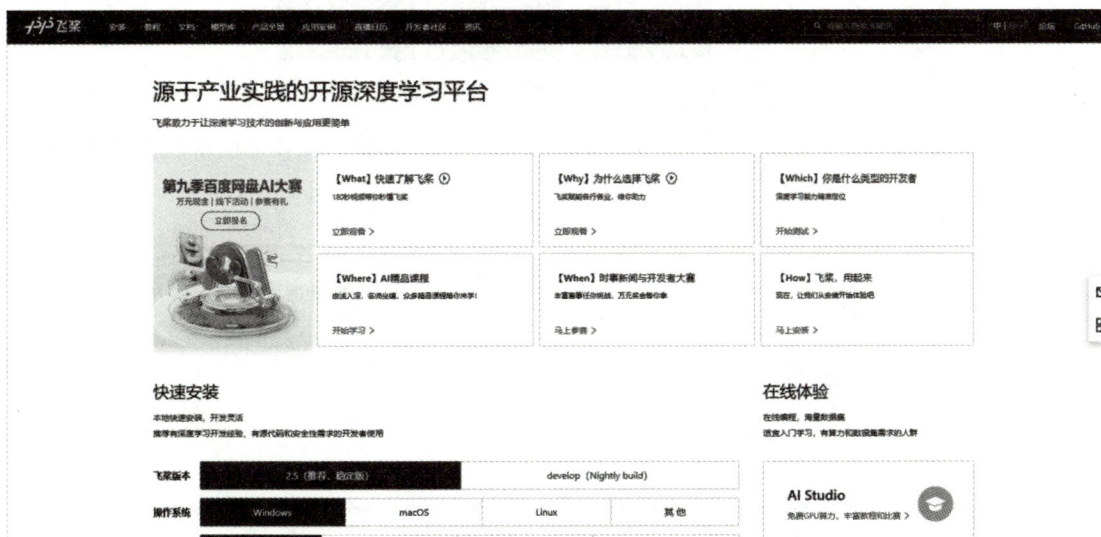

图 2-23　百度飞桨平台主界面

(2) 点击"AI Studio"进入相应界面，并点击"登录"按钮完成账号登录，如图 2-24 所示。

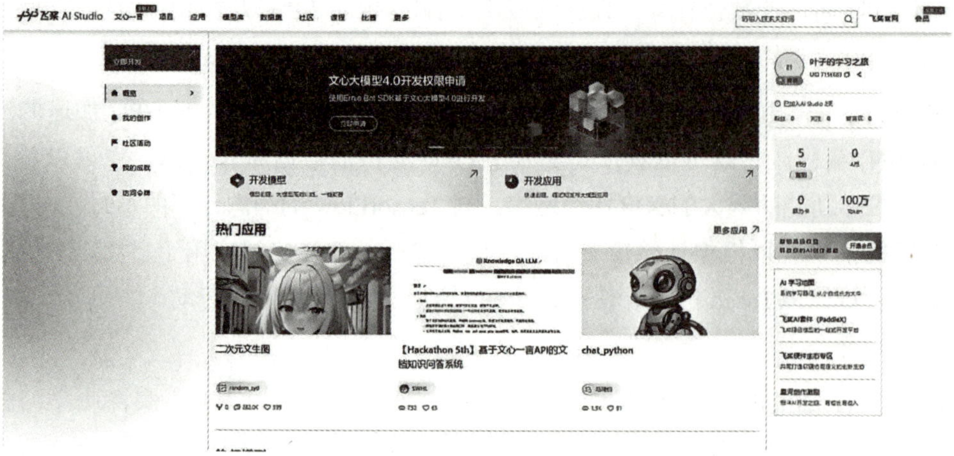

图 2-24　百度飞桨 AI Studio 界面

(3) 点击上方工具栏中的"课程"按钮，进入课程学习界面，如图 2-25 所示。

图 2-25　百度飞桨总课程界面

(4) 点击"我的课程"按钮，进入我的课程学习界面，查看"我参加的课程"，如图 2-26 所示。

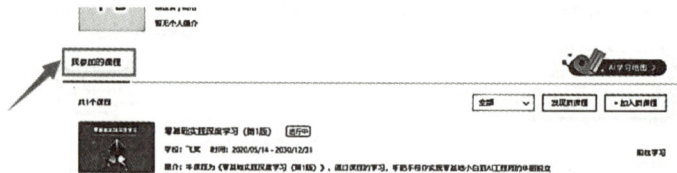

图 2-26　百度飞桨我的课程学习界面

(5) 点击右侧"AI 学习地图"按钮，进入 AI 学习地图界面，如图 2-27 所示。

图 2-27　AI 学习地图界面

(6) 选择"快速入门"模块中的"快速上手深度学习"，学习"深度学习"内容，如图 2-28 所示。

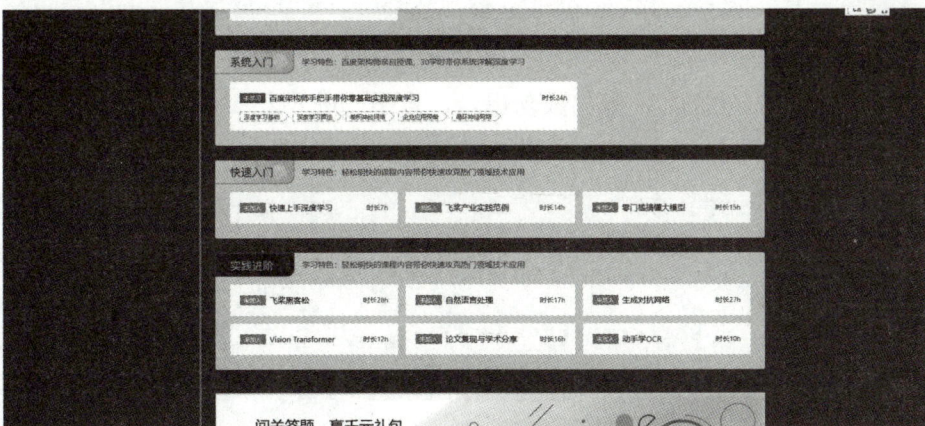

图 2-28　"快速入手深度学习"界面

(7) 进入深度学习界面后，点击"项目 PaddlePaddle 快速入门"，如图 2-29 所示。

图 2-29　PaddlePaddle 模块选择界面

(8) 进入"项目 PaddlePaddle 快速入门"之后，选择运行环境，点击"启动环境"，选择"基础版"运行，点击"确定"按钮，如图 2-30 所示。

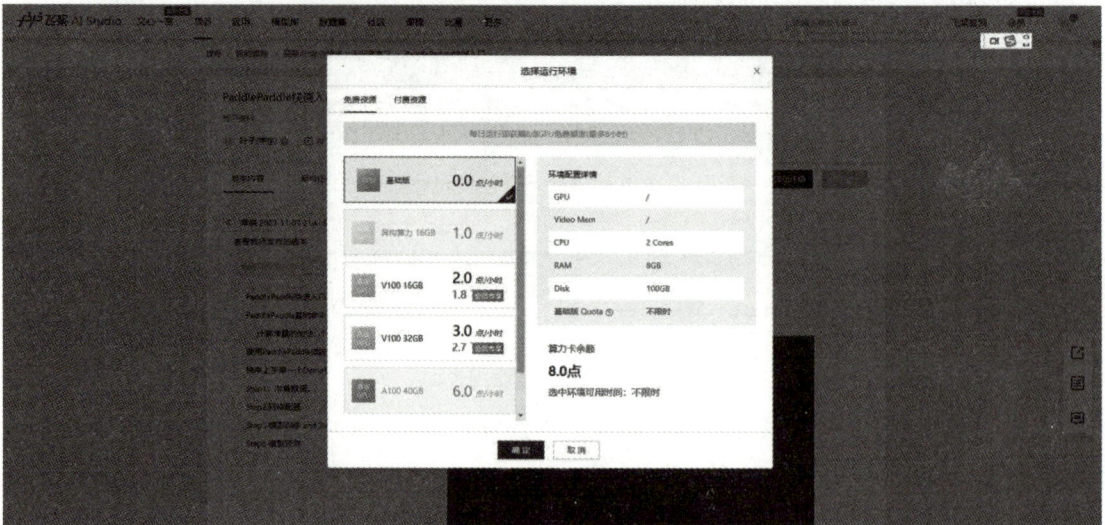

图 2-30　选择运行环境

(9) "启动环境"成功之后，弹出成功提示，点击"进入"，进入"PaddlePaddle 模块"入门学习，如图 2-31 所示。

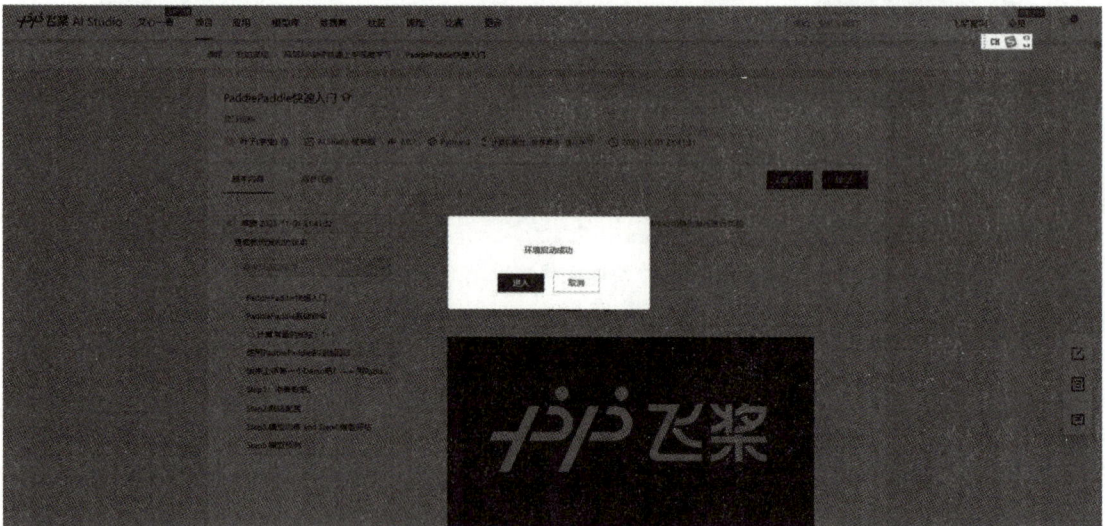

图 2-31　环境启动成功界面

(10) 点击代码左侧的"三角形"符号，尝试运行环境，如图 2-32 所示。

(11) 同上所述，按照指令点击后续代码左侧的"三角形"符号，运行至最后一步，便可生成项目波士顿房价预测模型，如图 2-33 所示。

图 2-32　运行环境演示

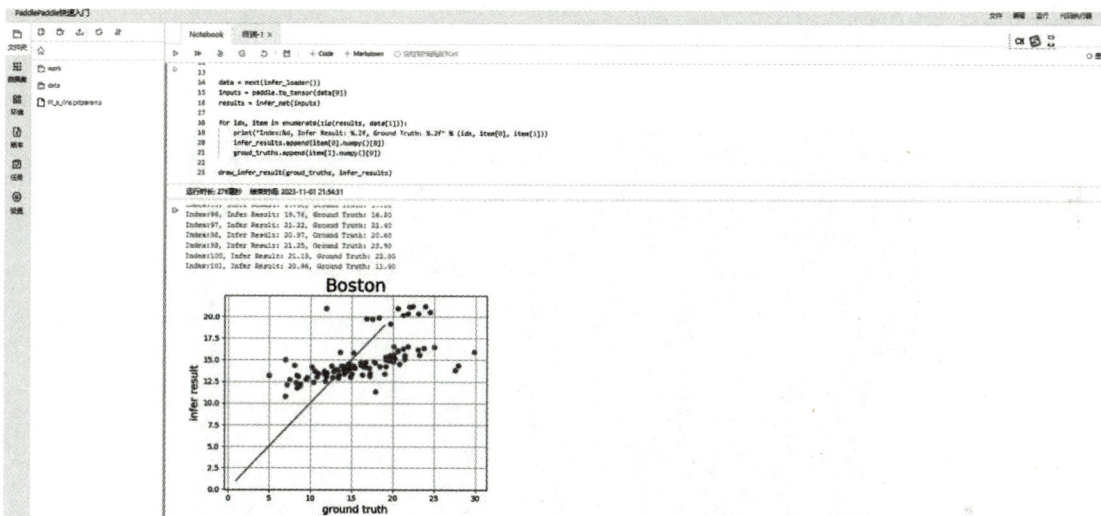

图 2-33　波士顿房价预测模型

活动二　初探深度学习技术的应用

思政小贴士：深度学习技术的应用是我们深入探索正确世界观、人生观、价值观的关键，在学习的过程中我们应紧密贴合时代背景，关注与深度学习技术应用相关的国家大事和社会热点，树立正确的职业观和就业观。

预备知识：深度学习技术的应用

深度学习技术能够进行图像识别、语音识别、自然语言处理、数据挖掘、机器翻译，在处理复杂数据和提取特征方面具有强大的能力。下面主要介绍深度学习技术在目标检测、虚拟游戏和机器人三个领域的应用。

一、目标检测

目标检测就是通过深度学习网络的训练和学习来实现对图像中目标位置和类别的检测。目标检测算法通常采用类似卷积神经网络 (CNN) 的深度学习模型，通过对大量标注数据进行训练和学习，使得模型能够自动提取图像中的特征 (见图 2-34) 并分类出图像中的不同目标。目标检测算法的关键点包括目标区域的选择、特征提取、分类和位置精度的调整等。在训练过程中，目标检测算法需要大量的标注数据，包括正样本 (含有目标的图像) 和负样本 (不含有目标的图像)。通过对比正样本和负样本的特征差异，算法可以学习到如何区分目标和背景。此外，为了减少过拟合现象、提高模型的泛化能力，通常还需要对模型进行正则化处理。在应用过程中，目标检测算法可以对任意图像进行目标检测，包括但不限于人脸、车辆、物体等。通过对不同类别的目标进行分类和定位，目标检测算法可以广泛应用于安全监控、智能驾驶、人机交互等领域。

图 2-34　特征提取

二、虚拟游戏

在虚拟游戏中，机器可以通过自我模拟、自我训练、自我测试，让其在一定游戏规则下学习到好的战胜策略。在虚拟游戏中，机器可以模拟游戏场景，并通过自我训练来学习如何进行决策和行动。机器会根据游戏规则和奖励机制进行试错，不断调整自己的策略，以期获得更好的结果。通过自我测试，机器可以评估自己的策略的有效性，并根据测试结果进行进一步的学习和优化。在围棋界，Google 训练的 DeepMind AlphaGo 就战胜了围棋高手李世石，这是深度学习领域发展的又一里程碑式的成就。

三、机器人

借助深度学习的力量，机器人 (见图 2-35) 可以在真实复杂的环境中工作，深度学习技术可以帮助机器人感知周围环境，理解任务并做出相应的决策。例如，深度学习技术可以用于机器人的视觉感知。通过训练深度神经网络，机器人可以识别和理解周围的物体和场景，例如识别行人、车辆和障碍物等。这种视觉感知能力可以帮助机器人在复杂的环境中安全地导航和操作。此外，深度学习技术还可以用于机器人的决策和行为预测。通过分析大量的数据和案例，深度学习模型可以学习到不同情境下的最佳决策和行为模式。

图 2-35　机器人

操作任务：体验淘宝物体识别应用

在淘宝 APP 中进行物品识别的步骤如下：

(1) 打开淘宝 APP，进入淘宝主页面，如图 2-36 所示。

(2) 点击搜索栏中的"拍照" 📷 按钮进入拍照功能，随机选择一个物品进行拍照识别。本例中对空调遥控器进行拍照，此时淘宝 APP 会对物品进行特征识别，如图 2-37 所示。

(3) 识别成功后，淘宝界面会出现与识别物品相同或相似类型的商品，如图 2-38 所示。

图 2-36　淘宝 APP 主界面　　　　图 2-37　拍照识别示意图　　　　图 2-38　结果展示

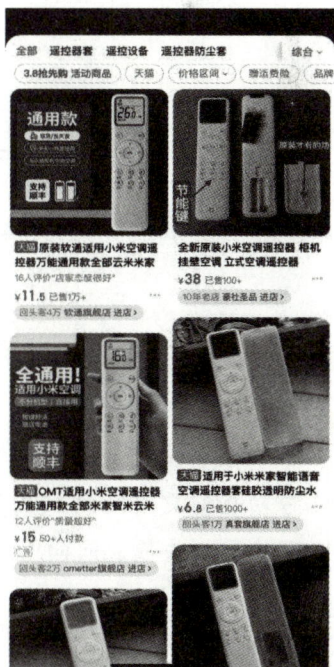

在结果中选择符合要求的商品即可进行后续的购买操作。

任务四　探究自然语言处理技术

本任务的两个活动分别介绍了自然语言处理 (Natural Language Processing，NLP) 技术及其应用，并安排了体验阿里云 NLP 自然语言处理和体验火山智能写作两个操作任务。本任务旨在使学生了解自然语言处理技术、自然语言处理系统、自然语言处理软件，以及自然语言处理在机器翻译、情感分析、信息检索、语音识别、问答系统的应用，掌握阿里云 NPL 和火山智能写作的简单操作。

学习导图

```
                                          ┌── 预备知识 ──┬── 自然语言处理技术
                       ┌── 活动一  初探自然语言处理技术 ──┤              ├── 自然语言处理系统
                       │                                 │              └── 自然语言处理软件
                       │                                 └── 操作任务 ── 体验阿里云 NLP 自然语言处理
  探究自然语言           │
  处理技术  ─────────────┤
                       │                                 ┌── 预备知识 ──┬── 机器翻译
                       │                                 │              ├── 情感分析
                       └── 活动二  初探自然语言处理技术的应用 ──┤              ├── 信息检索
                                                         │              ├── 语音识别
                                                         │              └── 问答系统
                                                         └── 操作任务 ── 体验火山智能写作
```

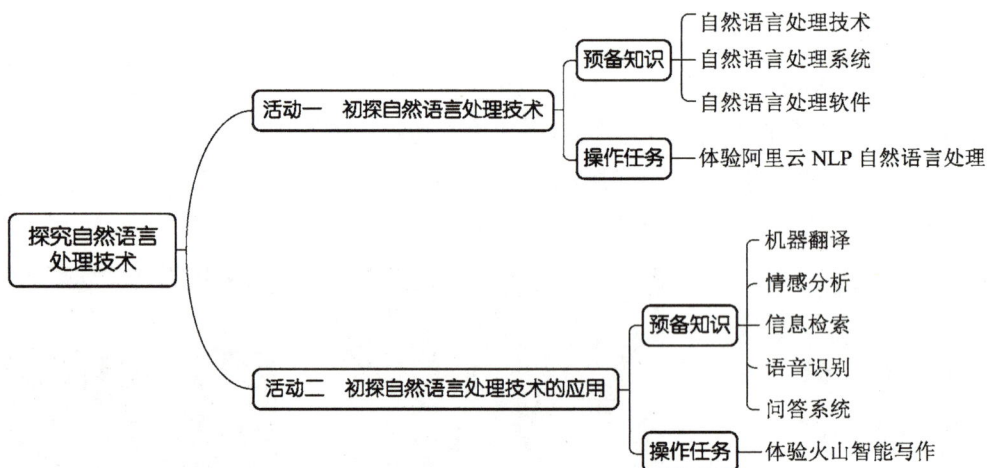

活动一　初探自然语言处理技术

思政小贴士：自然语言处理技术可以更加精准地识别我们的情感和态度，可以帮助我们更好地理解国家政策中的情感色彩和价值观，也可以有效促进思想政治理论同频共振、同向同行，形成育人合力，是全面提高新时代人才培养质量的重要保证。

预备知识：自然语言处理技术及系统

一、自然语言处理技术

自然语言处理 (NLP) 是一门融语言学、计算机科学、数学于一体的交叉科学，旨在让计算机理解和处理人类语言。自然语言处理的研究和应用领域涵盖了多个方面，包括文本分析、文本生成、信息抽取、机器翻译、问答系统等。自然语言处理的研究方法包括基于规则的方法、基于统计学习的方法和基于深度学习的方法等。

1. 自然语言处理的内容

自然语言处理包含的内容有分词、词性标注、句法分析、命名实体识别、语言生成。

(1) 分词。分词是自然语言处理中的基础任务，是将连续的字序列按照一定的规范重新组合成词序列的过程。在英文的行文中，单词之间是以空格作为自然分界符的，而中文只是字、句和段能通过明显的分界符来简单划界，唯独词没有一个形式上的分界符，虽然英文也同样存在短语的划分问题，不过在词这一层上，中文比之英文要复杂得多、困难得多。因此，在进行中文自然语言处理时，我们需要先进行分词。分词的准确度会直接影响到后面的词性标注、句法分析、词向量以及文本分析的质量。

(2) 词性标注。词性标注是自然语言处理中的一项基础任务，指的是为句子中的每个单词标注其词性。词性标注的目的是提供词语的抽象表示，以便更好地理解和分析文本。在词性标注过程中，需要将文本中的每个单词根据其语法和上下文信息标注为相应的词性，如动词、名词、形容词等。词性标注可以帮助人们更好地理解文本，同时也可以用于后续的文本挖掘、信息提取等任务。

(3) 句法分析。自然语言处理中的句法分析是理解自然语言文本的关键步骤之一。它是对句子结构进行分析和理解的过程，能帮助我们理解句子中的词语是如何组成短语和句子的。句法分析的目的是识别句子的语法结构，理解词语之间的关系，以及它们如何组成短语和句子。这有助于我们理解句子的意义和上下文，以及进行后续的语言处理任务，如情感分析、机器翻译等。

(4) 命名实体识别。命名实体识别 (NER) 是自然语言处理中的一项基础任务，旨在从文本中识别出具有特定意义或指代性强的实体。这些实体通常包括人名、地名、组织机构名、日期时间、专有名词等。NER 系统需要从非结构化的输入文本中抽取这些实体，并按照业务需求识别出更多类别的实体。

(5) 语言生成。自然语言处理中的语言生成是利用自然语言生成技术生成符合语法规则、表达特定语义的文本。语言生成是自然语言处理中的一个重要方向，它可以帮助人们更快速、更准确地理解和处理自然语言文本。语言生成的方法通常包括基于规则的方法、基于模板的方法和基于深度学习的方法。基于规则的方法利用语言学家制定的语法规则来生成文本，而基于模板的方法则通过使用预先定义的模板来生成文本。近年来，随着深度学习技术的不断发展，基于深度学习的方法逐渐成为主流，它们通过训练大量的语料库来自动学习文本生成规则。

2. 自然语言处理技术的起源发展

(1) 初创期 (1947—1970 年)：在这个阶段，NLP 技术主要是基于规则和模式匹配的方法，用于解决一些简单的自然语言处理任务，如文本分类、词性标注和句法分析等。早期的机器翻译系统也在这个时期出现，但由于技术限制和数据不足等问题，翻译质量普遍较低。

(2) 复苏期 (1970—1976 年)：在这个阶段，尽管机器翻译的研究遇到了一些困难，但一些研究者仍然坚持研究并取得了一定的进展，推出了一些基于统计方法的机器翻译系统，如 IBM 的 System T，这些系统利用概率模型对自然语言进行处理，提高了翻译的准确性。

(3) 繁荣期 (1976 年至今)：在这个阶段，随着计算机技术和大数据的不断发展，NLP 技术得到了广泛应用和推广。研究者们提出了许多新的技术和方法，如神经网络、深度学习等，用于解决复杂的自然语言处理任务，如情感分析、问答系统、语义理解和信息抽取等。这些技术的发展使得 NLP 技术在各个领域得到了广泛应用。

3. 自然语言处理技术的作用

(1) 在情感分析方面，自然语言处理技术可以帮助人们分析文本的情感倾向和情感表达，从而更好地了解人们的意见和态度。

(2) 在信息检索方面，自然语言处理技术可以帮助人们更准确地搜索和查找所需的信息，从而提高信息检索的效率和准确性。

(3) 在数据挖掘方面，自然语言处理技术可以帮助人们从大量的文本数据中提取有用的信息，从而更好地利用这些数据。

二、自然语言处理系统

自然语言处理系统是一种能够处理自然语言的技术，包括数据收集、数据预处理、特征提取、模型训练、模型评估和模型应用等。

(1) 数据收集：从各种来源 (如文本数据库、互联网等) 收集大量的自然语言文本数据。

(2) 数据预处理：对收集到的数据进行清洗、分词、词性标注、命名实体识别等预处理操作，以便后续的处理和分析。

(3) 特征提取：从预处理后的数据中提取特征，这些特征可以包括词频、词义、语法结构、上下文信息等。

(4) 模型训练：使用提取的特征训练自然语言处理模型，如分类模型、聚类模型、回归模型等。

(5) 模型评估：对训练好的模型进行评估，以了解模型的性能和效果。

(6) 模型应用：将训练好的模型应用于具体的自然语言处理任务中，如文本分类、情感分析、机器翻译等。

三、自然语言处理软件

1. 阿里云 NLP

阿里云 NLP(自然语言处理) 是一种人工智能服务，可以帮助用户进行文本分析、情感分析、智能问答等多项任务。它支持多种语言，并提供了丰富的 API 和工具，使得用户可以轻松地使用自然语言处理技术来解决实际问题。阿里云 NLP 的技术体系非常完备，包括分词、词性标注、命名实体识别、情感分析、关系抽取等多个模块。同时，它还支持文本分类、短文本匹配、文本相似度比较等多项功能。这些功能都经过大量训练，能够提供准确的结果。此外，阿里云 NLP 还支持增量训练，用户可以通过上传自己的数据来进行模型训练，以适应不同的应用场景。阿里云 NLP 还提供了丰富的数据集和案例，帮助用户更好地了解和使用自然语言处理技术。

2. 百度 NLP

百度 NLP(自然语言处理) 是百度历史最悠久的基础技术部门之一，以"理解语言，拥有智能，改变世界"为使命，开展包括自然语言处理、机器学习、数据挖掘在内的技术研究和产品应用工作，引领着人工智能技术的发展。

百度 NLP 的实力强大，顶级学者领军，汇聚一流人才。百度 NLP 还荣获过"北京市工人先锋号"称号。基于领先的语义理解技术，百度 NLP 为企业和开发者提供一整套 NLP 定制与应用能力。同时，百度 NLP 还整合了百度多年积累的海量数据与 NLP 技术能力，打造了一系列 NLP 技术工具集或场景化方案，助力企业轻松利用认知智能技术实现业务降本增效。

3. NLTK

NLTK(Natural Language Toolkit) 是一个开源的 Python 库，它提供了全面的自然语言处理工具，包括分词、词性标注、命名实体识别、情感分析等。NLTK 还支持多种语言，并提供了丰富的语料库和数据集。

NLTK 的功能非常强大，可以满足许多自然语言处理任务的需求。例如，通过使用 NLTK 的分词功能，可以将文本分割成单个的单词或短语；使用词性标注功能，可以确定每个单词的语法角色；使用命名实体识别功能，可以识别出文本中的人名、地名、组织机构名等实体；使用情感分析功能，可以对文本的情感进行分类和评估。

除了提供多种功能，NLTK 还支持自定义模型和扩展插件，用户可以通过上传自己的数据来进行模型训练，以适应不同的应用场景。此外，NLTK 还提供了丰富的文档和案例，帮助用户更好地了解和使用自然语言处理技术。

操作任务：体验阿里云 NPL 自然语言处理

使用阿里云 NPL 进行自然语言处理的步骤如下：

(1) 搜索阿里云 NLP 主页网址 https://ai.aliyun.com/nlp/nlpautoml，进入阿里云 NLP 主界面，如图 2-39 所示。

图 2-39　阿里云 NLP 主界面

(2) 点击右上角"登录"按钮，进入图 2-40 所示的创建项目界面，项目包含基础算法、行业场景算法、应用算法等多个模块，管理员拥有这个项目下的所有权限 (项目、数据、模型等)，可根据自身需求选择项目类型。

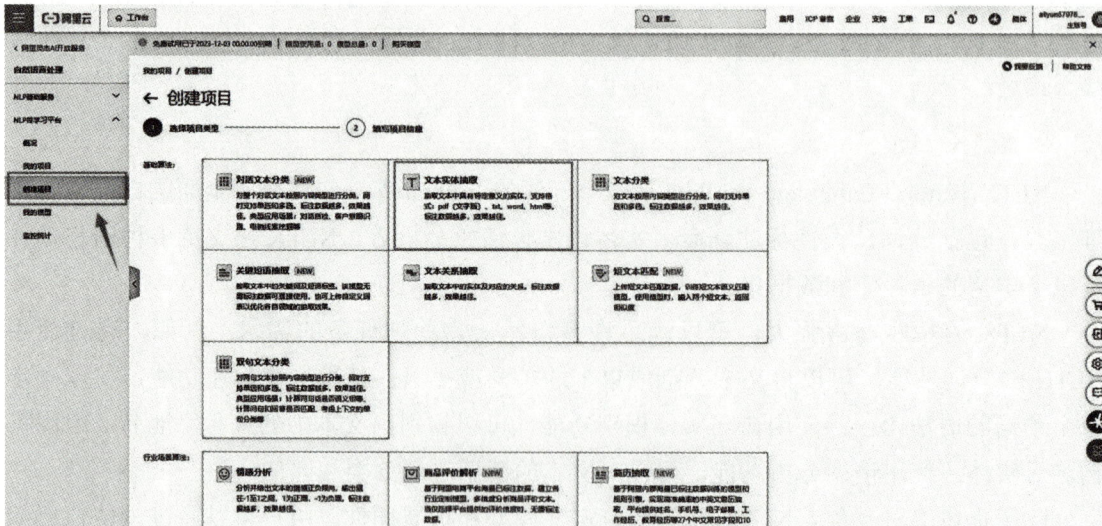

图 2-40　创建项目界面

(3) 点击"文本实体抽取"后，可以在"数据中心"界面中管理数据，有两种方式可以创建数据，即创建标注任务和上传数据集，如图 2-41 所示。

(4) 将所需的待标注文档进行上传，随后添加标注人员信息，如图 2-42 所示。

(5) 完成上述步骤后，进入实体设置界面，开始设置待标注任务的题目，如图 2-43 所示。

图 2-41　文本实体抽取测试界面

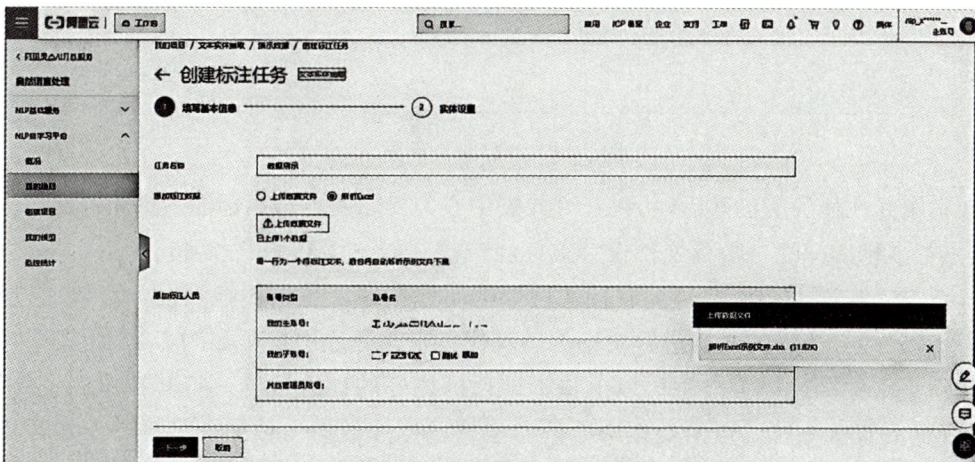

图 2-42　创建标注任务界面

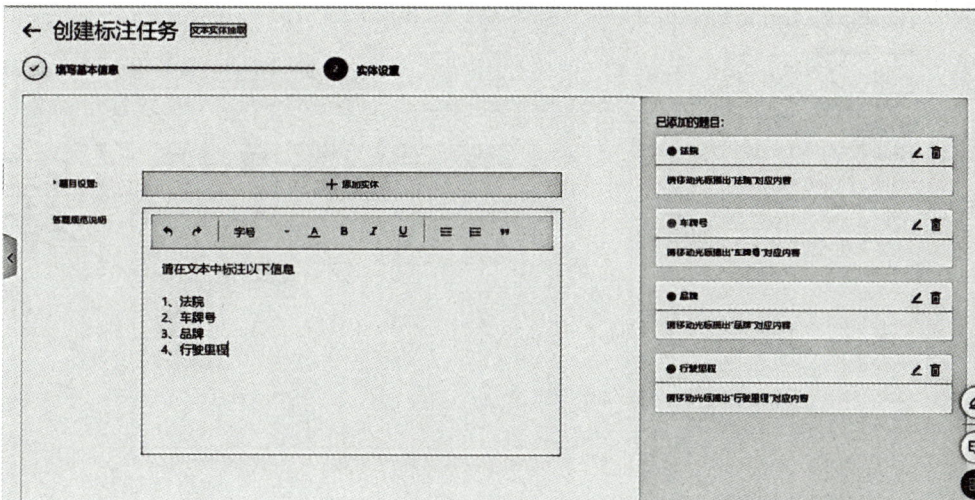

图 2-43　实体设置

(6) 设置完成待标注任务的题目之后，再对文本分类项目中的题目的所属行业类别进行分类，如图 2-44 所示。

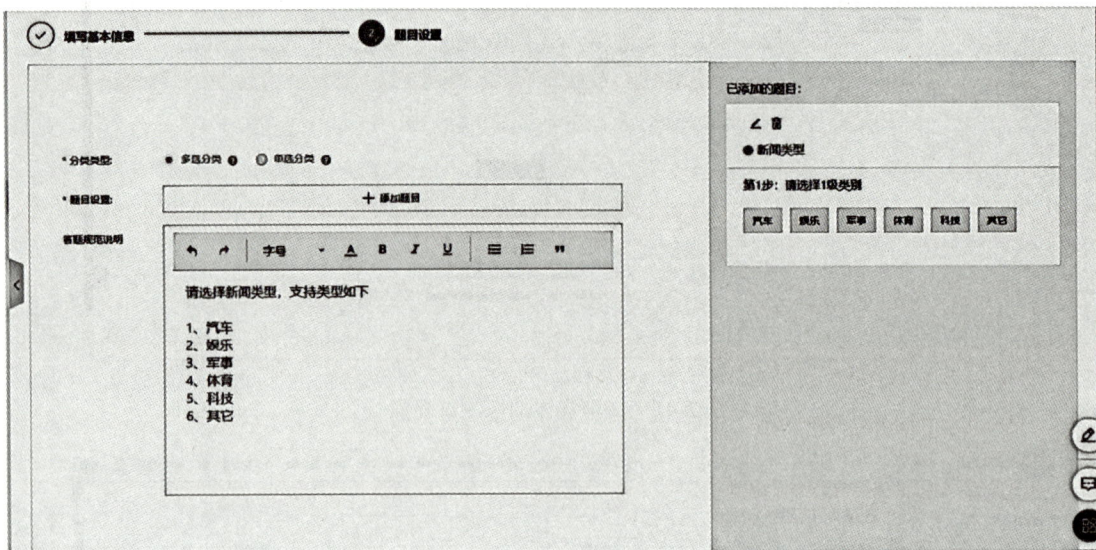

图 2-44　题目分类设置

(7) 完成标注任务的创建后，可以在"数据中心"界面中点击"标注"进入"标注中心"界面，进行文档的标注，每篇文档仅会被标注一次，如图 2-45 和图 2-46 所示。

(8) 点击"数据中心"项目列表操作栏中的质检按钮，进入质检页面，可以通过筛选和搜索，对已经标注好的文档进行质检，以确保良好的标注质量，如图 2-47 所示。

(9) 除了创建标注任务，也可以上传本地已标注好的训练数据，将其按示例文件的格式进行规整后直接上传。点击数据中心的"上传已标注数据"按钮，打开"上传数据集"窗口，如图 2-48 所示。

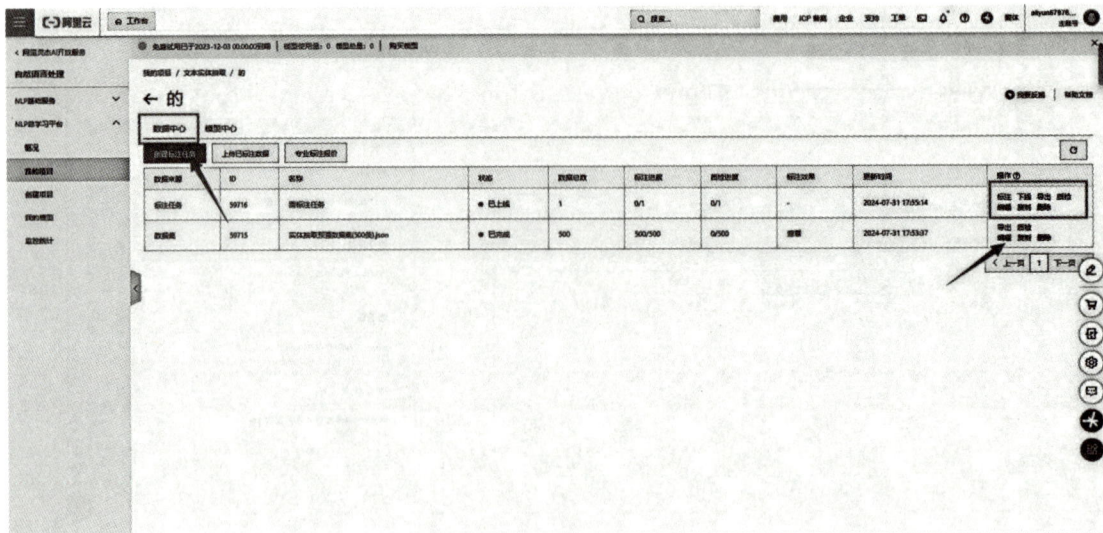

图 2-45　"数据中心"界面

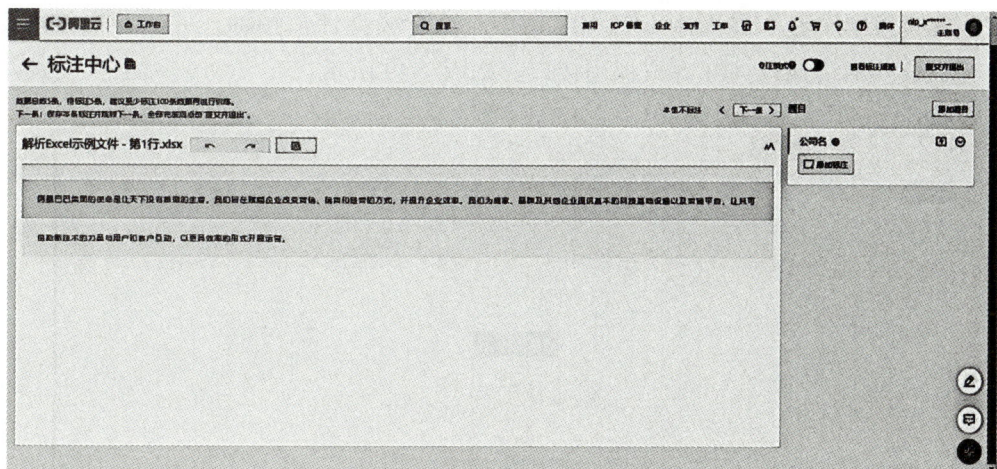

图 2-46 "标注中心"界面

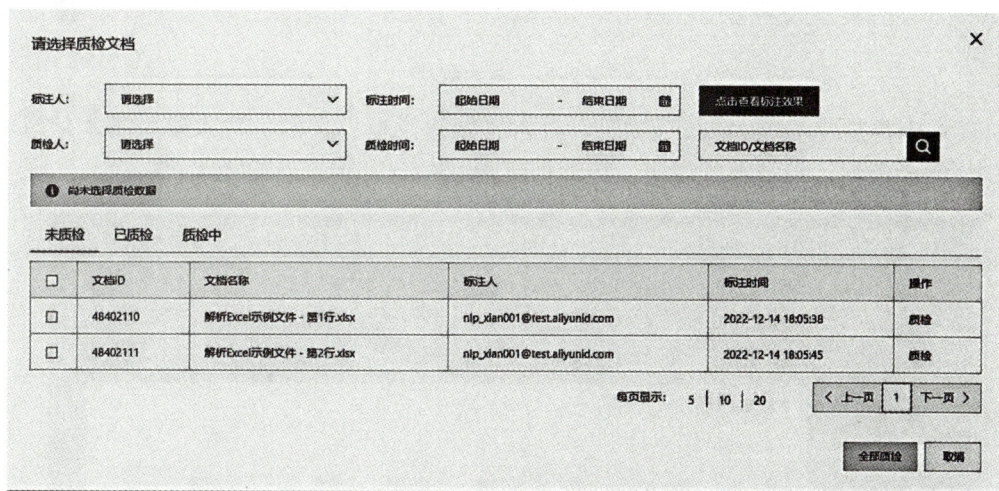

图 2-47 质检文件选取

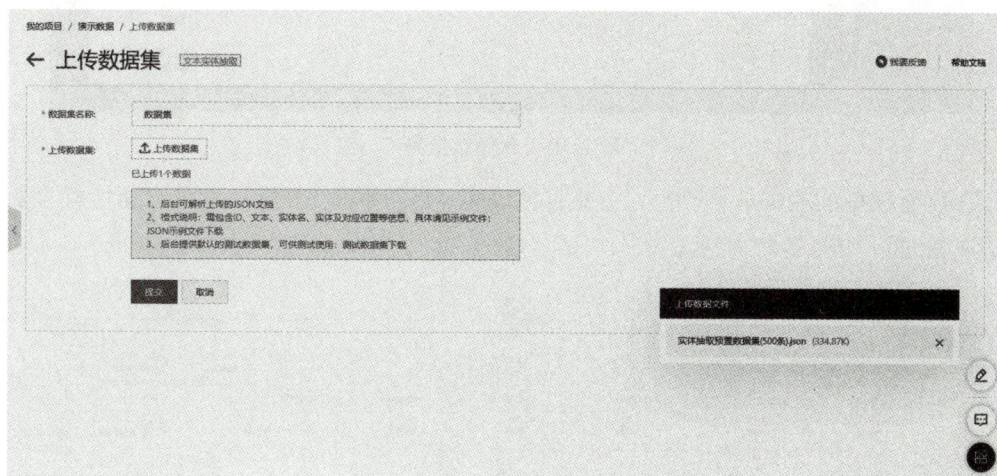

图 2-48 "上传数据集"窗口

(10) 在"模型中心"界面中一键训练模型，查看模型评估指标，并进行在线可交互测试，测试完毕后可通过 API 方式调用接口，如图 2-49 所示。

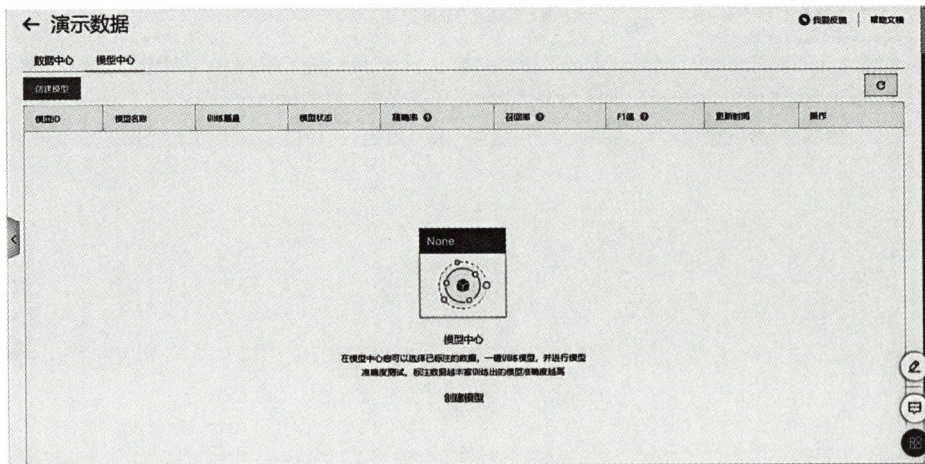

图 2-49　演示数据

(11) 点击模型中心的"创建模型"，进入"创建模型"页面，输入模型基本信息，选择已标注完的数据，一键训练模型，模型训练需 0.5～1 小时，如图 2-50 所示。

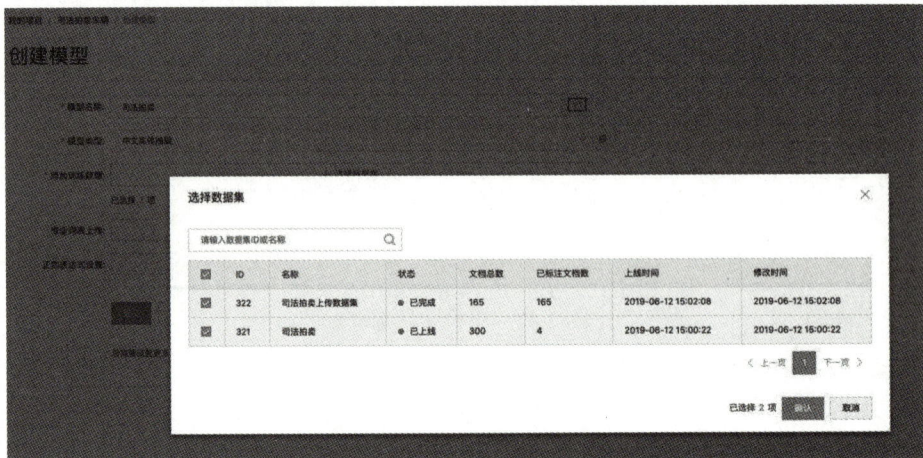

图 2-50　选择数据集

(12) 查看模型的相关评估指标，主要有精确率、召回率和 F1 值；也可以新增模型版本，进行版本管理，如图 2-51 所示。

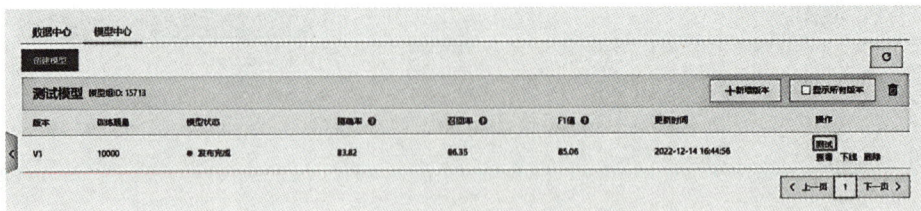

图 2-51　测试模型

(13) 模型发布后，可以直接在平台上进行测试，并对不准确的预测结果进行纠错，如图 2-52 所示。

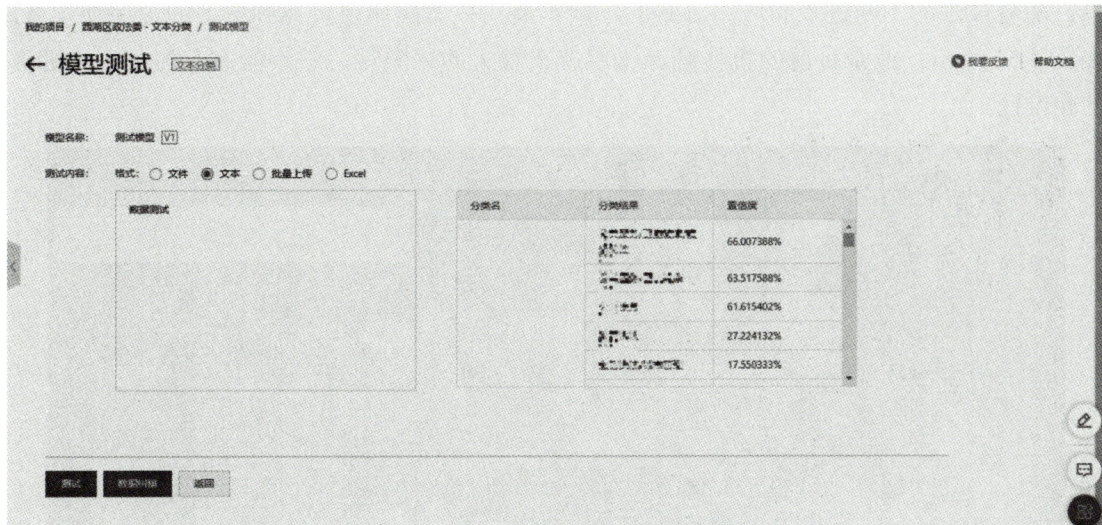

图 2-52　纠错系统

活动二　初探自然语言处理技术的应用

思政小贴士：随着全球化进程的不断加快，当今世界不同的意识形态与中国主流文化发生碰撞。在应用自然语言处理技术时，要尊重传统文化，弘扬民族精神，提升爱国情怀和民族自豪感，同时要了解我国在自然语言处理技术上的付出与贡献，增强对祖国的认同感和归属感。

预备知识：自然语言处理技术应用概述

自然语言处理技术是所有与自然语言的计算机处理有关的技术的统称，旨在让计算机能够理解和处理人类语言，从而为人们的生活和工作带来便利。自然语言处理技术的研究，可以丰富计算机知识处理的研究内容，因此，自然语言处理技术的研究对于计算机知识处理的研究具有重要的意义，促进了相关技术的创新和发展。

一、机器翻译

机器翻译是自然语言处理中最广为人知的领域之一，即利用计算机将一种语言翻译成另一种语言。机器翻译主要分为文本翻译、语音翻译、图形翻译等。机器翻译的发展历程是人类历史上的一大技术变革，它将自然语言和计算机技术结合在一起，实现了语言间的自动翻译。初始的机器翻译是基于规则的翻译，通过建立语言规则来实现自动翻译。但是这种方法在识别语言中的复杂性和不确定性时效果不佳。后来随着语料库和统计翻译技术的出现，机器翻译开始实现更为实用的应用，它已经成为国际交流和合作中不可或缺的工具。随着技术的不断进步和应用场景的不断扩展，机器翻译也将得到更多的应用和发展，如图2-53所示。但是目前的机器翻译仍然存在很大的局限性，它不能完全替代人工翻译的精准性。

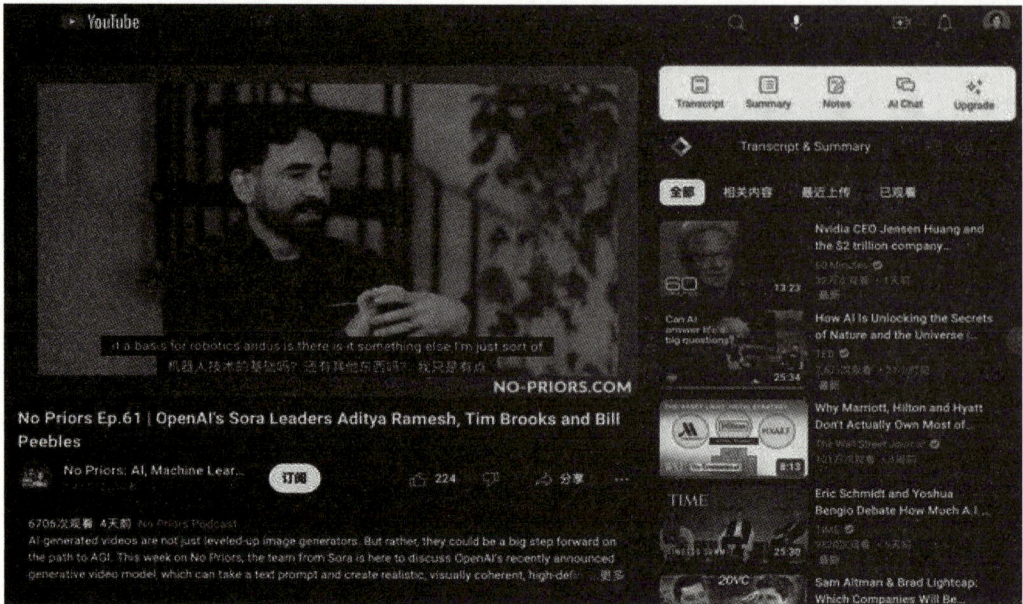

图2-53　机器翻译

二、情感分析

情感分析是一种自然语言处理技术，通过使用自然语言处理技术来辨别和提取文本数据中的情感状态信息。相关计算机技术对文本中的情感状态进行分析、评估及处理，得到的结果可以分为两种类型：正面情感和负面情感，如图2-54所示。情感分析可应用于多种场景，如社交媒体监测、满意度调查等，具有广泛的应用前景。

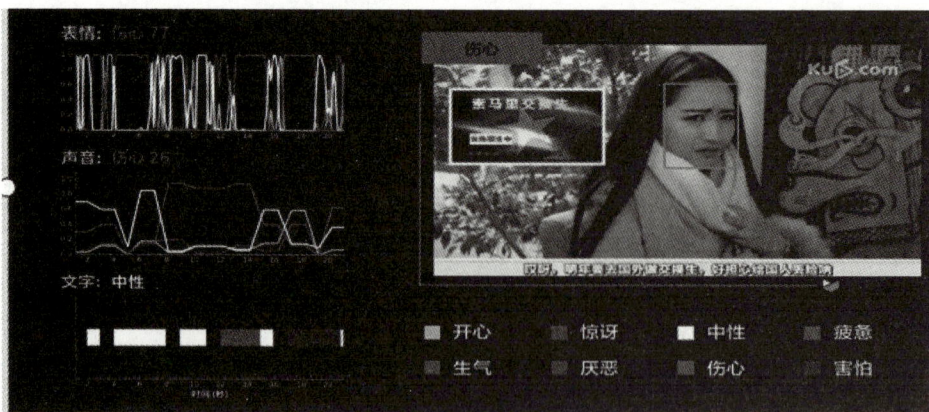

图2-54　情感分析

三、信息检索

信息检索是指通过大体量的文档索引来帮助用户快速地找到所需信息。通过信息检索，用户可以直接查询到与索引文字相匹配的文档，而不需要逐一查询每个文档，如图2-55所示。比如，当我们想了解某种饮食的相关信息时，只需要在搜索引擎中输入相关的关键词，就能获取大量的相关结果，这极大缩短了查找信息的时间。

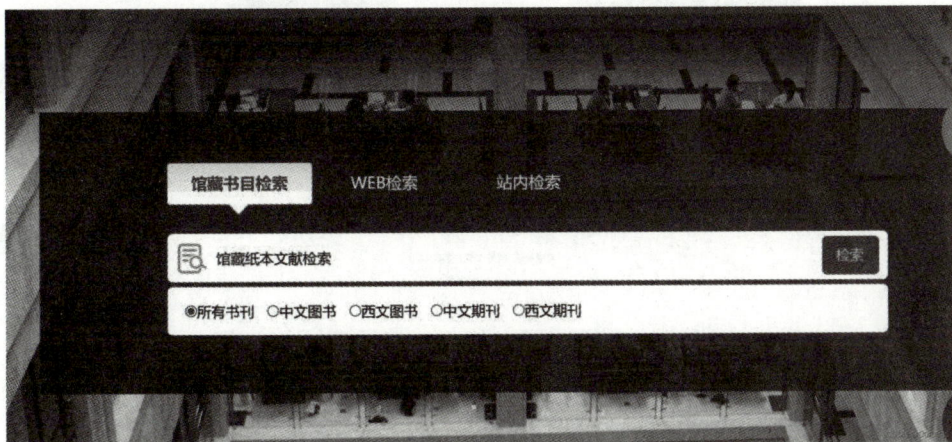

图 2-55　信息检索

四、语言识别

语言识别 (见图 2-56) 是自然语言处理的一种实际应用，通过分析不同语言的独特性和语法结构，可自动识别出用户所需的文字信息。

图 2-56　语音识别

五、问答系统

问答系统 (见图 2-57) 是指针对用自然语言表达的问题，通过算法和知识库的支持，给出精准的答案；根据不同语言与不同人群的发音标准，自动识别出所要表达的信息，并进行相应的回答。

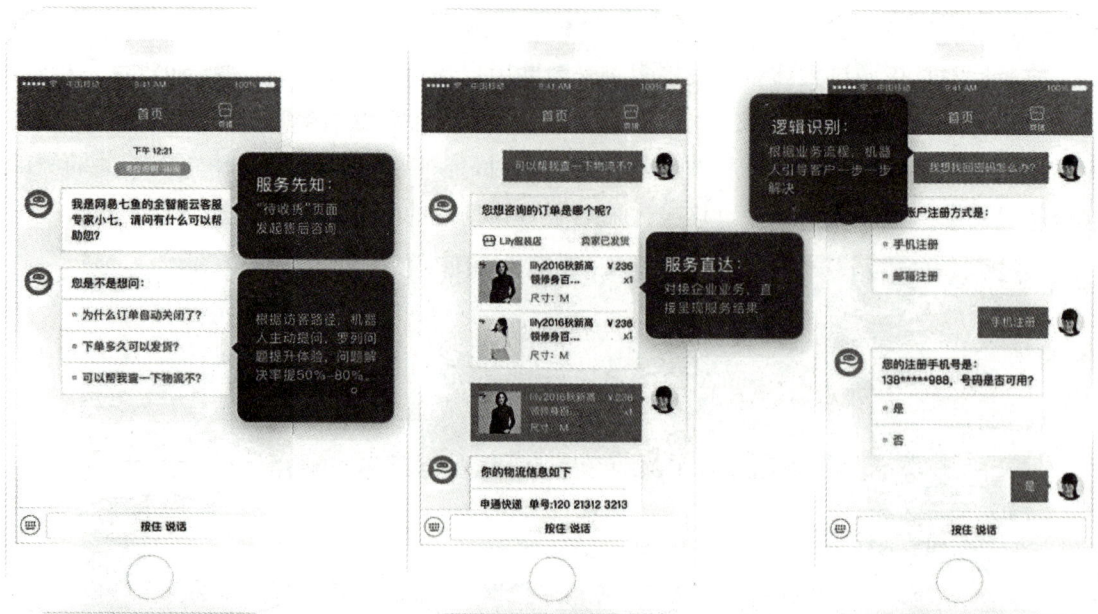

图 2-57　回答系统

操作任务：体验火山智能写作

使用火山写作实现智能写作的步骤如下：

(1) 在浏览器中地址栏输入火山写作网址 https://www.writingo.net/，打开如图 2-58 所示的页面。

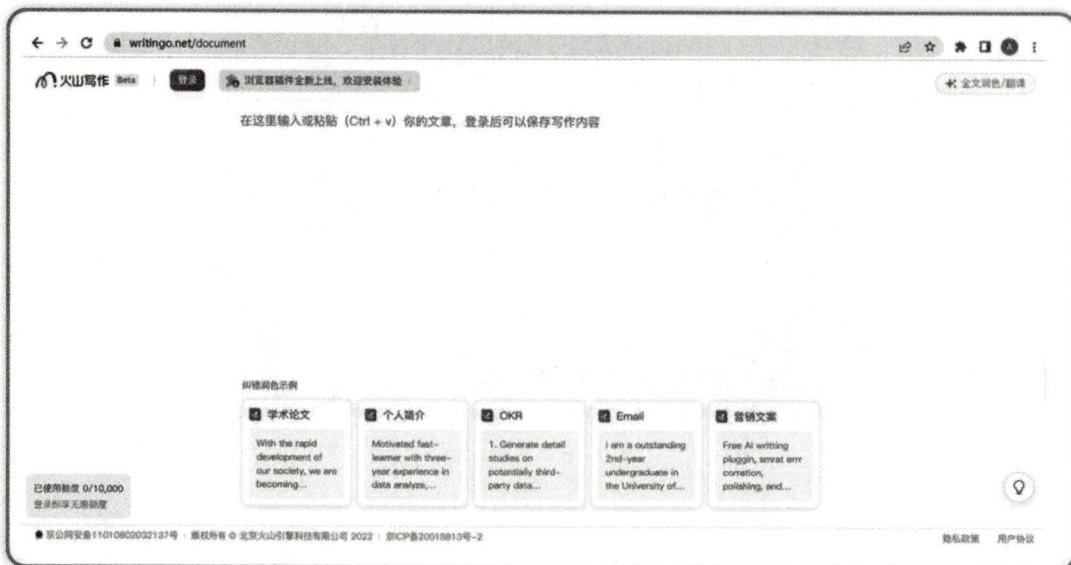

图 2-58　火山写作主页面

(2) 点击左上角的"登录"按钮，出现手机验证码登录界面，输入手机号码和验证码，点击"登录 / 注册"按钮，如图 2-59 所示。

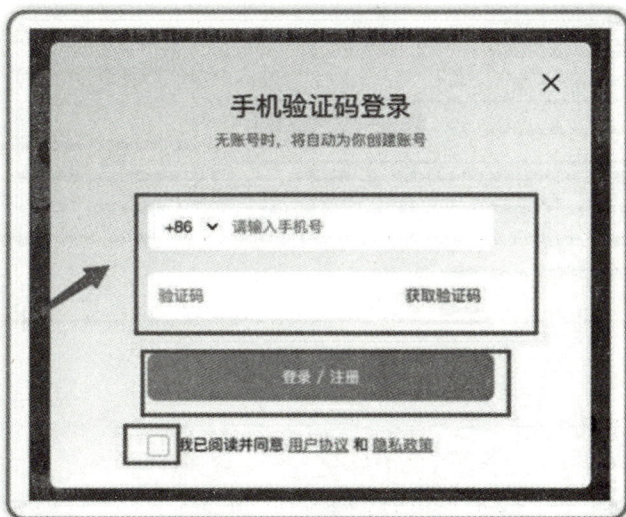

图 2-59　登录界面

(3) 用智能纠错功能解决文中出现的拼写、语法、格式等问题，可能需修改的内容使用红色或蓝色下画线进行标识，如图 2-60 所示。

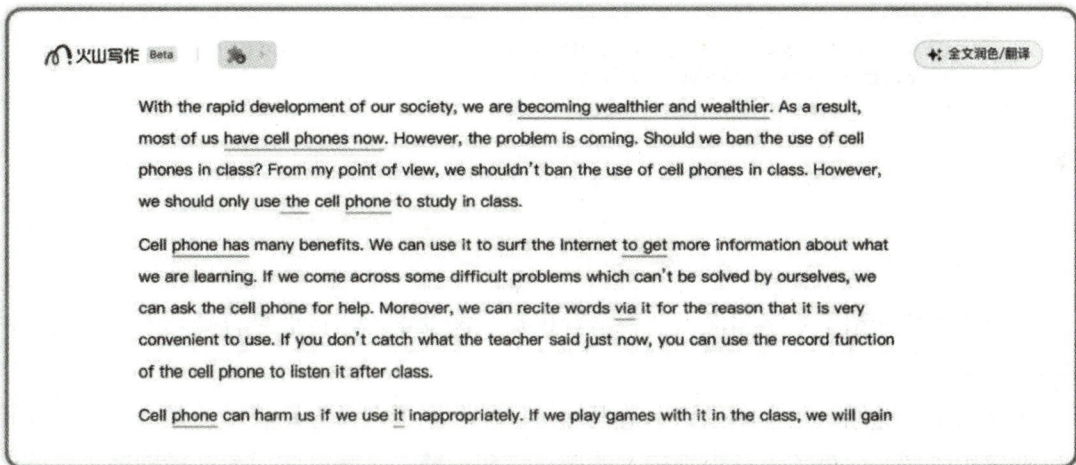

图 2-60　文字识别

(4) 将鼠标移动到标记横线的位置，会弹出纠错结果，并提供修改建议，一键更换即可，如图 2-61 所示。

(5) 火山写作同样支持对中文内容的智能纠错，日常打字过快也容易产生错别字，可通过"智能润色"功能修改语法来优化相关内容，如图 2-62 所示。

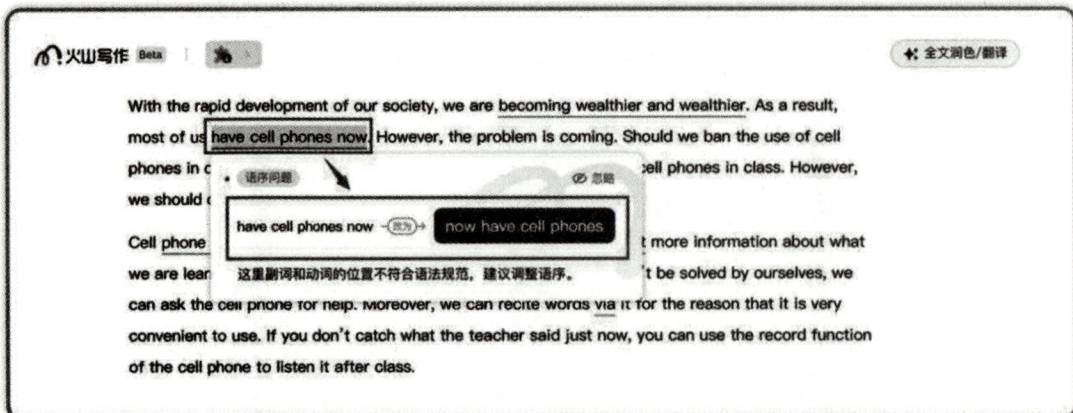

图 2-61　纠错方式

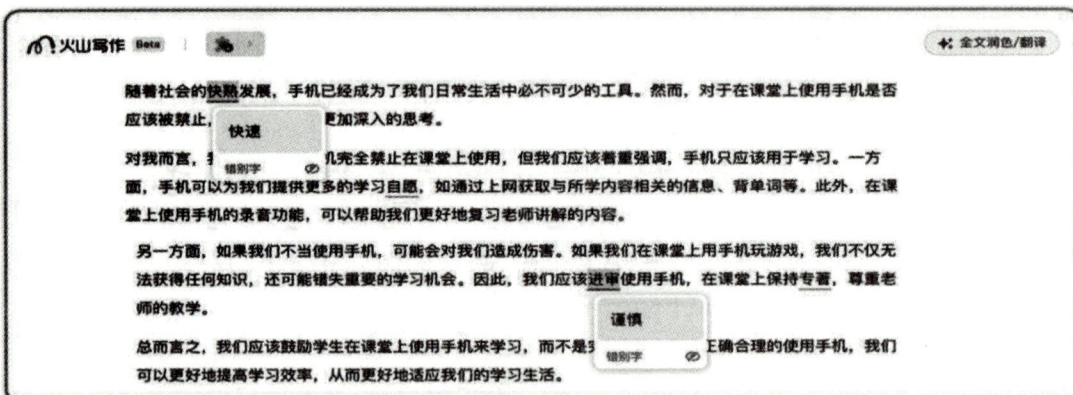

图 2-62　智能润色

模 块 总 结

本模块主要介绍了数字图像识别、语音识别、深度学习、自然语言处理的概念及应用实例。

本模块重点介绍了数字图像识别的概念知识，阐述了图像识别技术的基本原理以及相关行业应用领域，分析了语音识别技术的施行过程，熟悉了深度学习与神经网络之间的关系，掌握了自然语言处理的流程逻辑等。

模 块 评 价

1. 根据课堂所学知识，独立完成图像识别章节的训练内容，教师根据学生完成"remove. bg"模块与"图像识别在工业领域应用"模块的训练情况进行打分。

2. 通过课前预习、课中回答、课后总结的方式了解自身对语音识别技术的知识掌握情况，并考查学生"苹果语音识别系统运行"模块与"讯飞智能翻译平台"模块的训练。

3.通过对深度学习本质特征的理解来判别自身的知识掌握情况，根据所学知识完成"百度飞桨"模块与"淘宝特征提取"模块的训练。

4.通过对自然语言处理技术的定义原理的梳理，及"阿里云 NLP"模块与"火山写作"模块的训练完成情况来判别自身的知识掌握情况。

序号	学 习 目 标	学生自评		
1	了解数字图像识别技术的原理及相关应用	□掌握	□基本掌握	□继续练习
2	完成"remove.bg"模块与"图像识别在工业领域应用"模块的训练	□掌握	□基本掌握	□继续练习
3	了解语音识别技术的原理知识及应用领域	□掌握	□基本掌握	□继续练习
4	根据所学知识内容完成"苹果语音识别系统运行"模块与"讯飞智能翻译平台"模块的训练	□掌握	□基本掌握	□继续练习
5	熟悉深度学习本质特征与技术应用	□掌握	□基本掌握	□继续练习
6	根据所学知识内容完成"百度飞桨"模块与"淘宝特征提取"模块的训练	□掌握	□基本掌握	□继续练习
7	掌握自然语言处理技术的定义、原理及行业应用	□掌握	□基本掌握	□继续练习
8	根据所学知识内容完成"阿里云 NLP"模块与"火山写作"模块的训练	□掌握	□基本掌握	□继续练习

模块三
人工智能生成内容

知识目标

1. 了解 ChatGPT 和 MindShow 的应用场景以及它们在 PPT 开发中的作用。

2. 了解人工智能角色扮演的概念和意义以及 ChatGPT 和文心一言在角色扮演、小说创作中的应用。

3. 了解人工智能程序开发的过程和流程，以及 ChatGPT、文心一言、文心一格在编写程序、解读程序和文生图中的作用。

技能目标

1. 掌握使用 ChatGPT 和 MindShow 制作 PPT 的技巧，使用它们创作出具有吸引力的演示文稿。

2. 掌握使用 ChatGPT 和文心一言编写程序、解读程序的技巧，使用 ChatGPT 和文心一言生成的代码片段来完成简单的编程任务。

3. 掌握使用 ChatGPT、文心一言、文心一格制作插画的技巧，使用它们创造出符合文生图需求的插画作品。

素质目标

1. 确保人工智能生成的内容符合社会主义核心价值观，传播正能量，引导人们树立正确的世界观、人生观和价值观。

2. 利用人工智能生成内容向广大群众普及国家政策、科学知识、文化常识等，提升公民的综合素质和文化水平。

任务一　探究人工智能写作

　　本任务的两个活动分别介绍了使用人工智能软件 ChatGPT 和 MindShow 生成 PPT 演示文稿，以及使用文心一言写小说的相关知识，并安排了幻灯片智能创作和使用文心一言创作小说"遇见末世"两个活动。本任务旨在使学生了解 ChatGPT、MindShow、文心一言软件的功能，以及掌握人工智能制作幻灯片和小说的操作。

学习导图

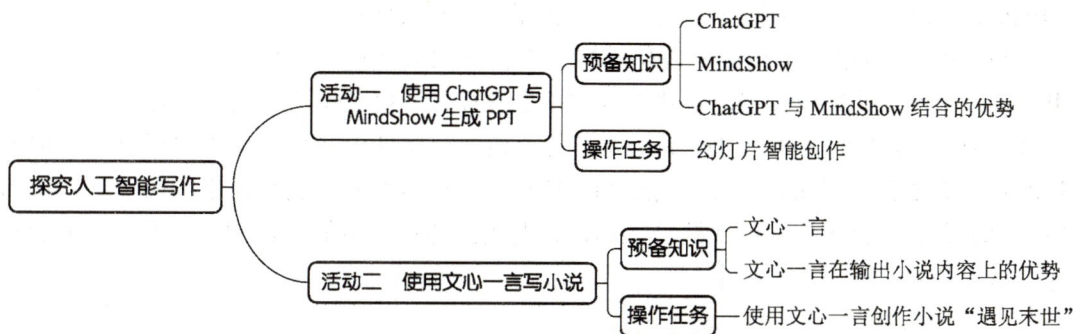

活动一　使用 ChatGPT 与 MindShow 生成 PPT

预备知识：ChatGPT 与 MindShow

一、ChatGPT

　　ChatGPT(Chat Generative Pre-trained Transformer，聊天生成预训练转换器) 是由 Open AI 开发的人工智能驱动语言模型，能根据上下文和过去的对话生成类似人类语言的文本。它被设计用来理解和生成自然语言文本，实现各种任务，包括回答各类知识性问题、生成文本、翻译多国语言、生成文本自动摘要、进行多轮对话等。ChatGPT 常用于聊天机器人、智能助手、智能客服以及其他需要自然语言处理和识别能力的应用。

　　ChatGPT 的界面简洁直观，用户通过输入文本与模型进行实时交互。用户可以随时在 ChatGPT 的输入框中提出问题、表达意见以及寻求适时的帮助，模型会针对用户的需求输出对应的答案。用户通过连续输入和输出的方式进行对话，不断与 ChatGPT 进行交流。ChatGPT 的界面还提供了一些额外的功能，例如，用户可以查看之前的对话记录以回顾上下文，以及浏览过去的对话。除此之外，用户还可以编辑和修改模型生成的回答，以便更好地满足自己的需求。总之，ChatGPT 的界面简洁易用，使用户能够与之进行无缝的对话交流，从而获得各种具有价值的信息。

此外，ChatGPT 还通过不断地迭代和改进来提高其语言理解和生成的能力。Open AI 团队不断训练和优化该模型，以减少模型在理解和生成语言时可能出现的错误。他们还通过用户反馈和评估来完善模型的性能和准确性。与此同时，ChatGPT 还具备对用户隐私的保护机制，所有的对话数据都会经过匿名化处理，以保护用户的个人私密信息。

二、MindShow

MindShow 是一款基于人工智能自助式生成技术的 PPT 创作工具，它提供了良好的用户界面和丰富的功能，帮助用户轻松制作出具有专业水准的幻灯片演示。同时，MindShow 内置了大量精美的 PPT 模版，涵盖了不同主题和不同行业，用户可以根据自己的需求选择不同的模板，从而快速创建具有专业外观特征和品质的幻灯片。

此外，MindShow 具备智能化的内容生成功能，用户通过输入关键词或选择相关主题，让 MindShow 自动生成与之匹配的文字内容和图片，极大地提高了制作效率。通过自动化的排版和配色，MindShow 还能够确保幻灯片的视觉效果和设计风格的统一性，使用户无须担心排版和设计的烦琐过程，能够更专注于思考和传达自己想要表达的内容。

MindShow 还支持多种导出格式，并可与其他办公软件无缝集成，用户可以方便地分享和展示他们的创作成果。总而言之，MindShow 以其强大的功能和易用的操作性，成为了现代职场和教育领域中不可或缺的工具，帮助用户通过简单的操作创作出专业水准的幻灯片，提升了沟通和表达的效果。

三、ChatGPT 与 MindShow 结合的优势

ChatGPT 和 MindShow 同为基于人工智能自助式生成技术的应用工具，二者结合应用具备以下优势：

(1) 自动化创作。通过结合 ChatGPT 和 MindShow，能够实现部分自动化的 PPT 创作过程。ChatGPT 可以根据用户的输入和指令，自动生成幻灯片的部分内容，如标题、段落及图表说明等。如此，可以节省用户的精力与时间，快速生成幻灯片的初步框架，并根据需要对其进行修改与完善。

(2) 创意扩展。ChatGPT 可以作为一个创意助推器，帮助拓展幻灯片的创意。用户可与 ChatGPT 进行思维上的碰撞，以探索不同的创意方向和主题。ChatGPT 提供了新颖的观点、故事和主题，以及引人注目的开场白，从而激发用户的想象力和创造力，并通过 MindShow 呈现在 PPT 作品中。

(3) 交互性和个性化。ChatGPT 作为强大的自然语言处理模型，可以与用户进行实时对话。结合 MindShow，用户使用 ChatGPT 来获取反馈、建议和指导，用于改进幻灯片的设计和其内容，使之更加具有吸引力。例如，用户与 ChatGPT 进行对话，讨论幻灯片的风格、色彩和字体方面的选择，并根据 ChatGPT 的合理建议进行调整，这样使得幻灯片在内容和样式上更加贴合用户的需求和个性化风格。

(4) 多语言支持。ChatGPT 和 MindShow 同时支持多国语言，可以适用于全球范围内的用户。无论用户使用何种语言进行交互和创作，都可以得到准确和个性化的建议和指导。

(5) 跨平台兼容性。ChatGPT 和 MindShow 被允许在不同的平台上使用，包括 MacOS、Windows 系统等。这种兼容性使得用户可以根据自己的喜好和需求，在不同的设备上灵活使用这两个应用。

(6) 数据分析和反馈。ChatGPT 可以帮助用户分析和解读数据，提供有关 MindShow 幻灯片效果和观众反馈的信息。用户可以根据这些数据和反馈，进行幻灯片的优化，提高演示的效果和影响力。

操作任务：幻灯片智能创作

使用 ChatGPT 与 MindShow 生成 PPT 的步骤如下：

(1) 在开始正式创作 PPT 之前，首先需要通过 ChatGPT 创作幻灯片的大纲初稿，在 ChatGPT 的指令页面输入如图 3-1 所示的指令。

> 整理一份PPT提纲，主题是如何高效读一本书。
>
> 请注意，回答的内容用markdown格式呈现

图 3-1　ChatGPT 指令区

输入 ChatGPT 的创作指令后，ChatGPT 快速输出的大纲初稿内容如图 3-2 所示。ChatGPT 输出的内容为随机式，每次输出的内容不完全一致属于正常现象。

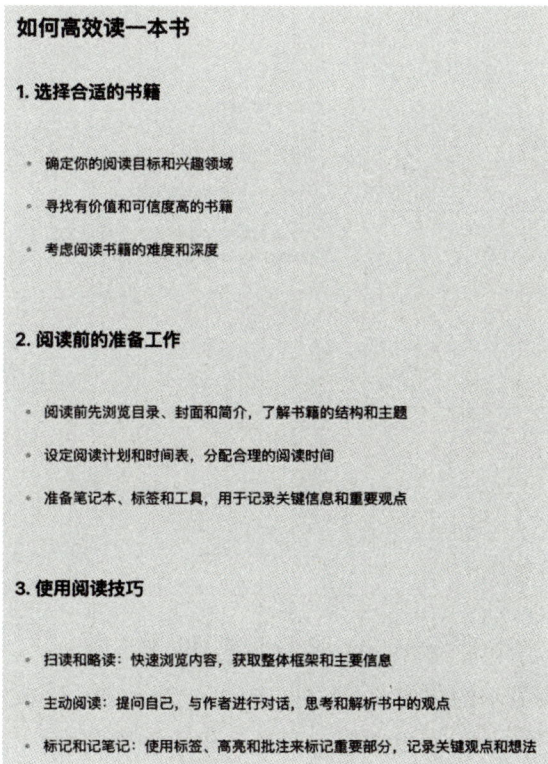

如何高效读一本书

1. 选择合适的书籍

- 确定你的阅读目标和兴趣领域
- 寻找有价值和可信度高的书籍
- 考虑阅读书籍的难度和深度

2. 阅读前的准备工作

- 阅读前先浏览目录、封面和简介，了解书籍的结构和主题
- 设定阅读计划和时间表，分配合理的阅读时间
- 准备笔记本、标签和工具，用于记录关键信息和重要观点

3. 使用阅读技巧

- 扫读和略读：快速浏览内容，获取整体框架和主要信息
- 主动阅读：提问自己，与作者进行对话，思考和解析书中的观点
- 标记和记笔记：使用标签、高亮和批注来标记重要部分，记录关键观点和想法

图 3-2　高效读书方法的 ChatGPT 输出结果区

（2）在浏览器的地址栏输入"https://www.mindshow.fun/#/home"，进入 MindShow 的官方网站，如图 3-3 所示。

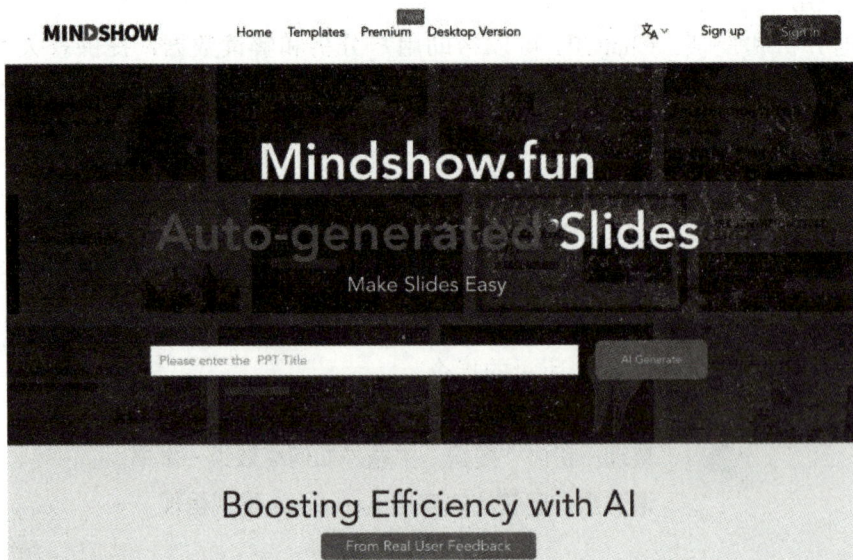

图 3-3　MindShow 官方网站

（3）在文本输入框输入"如何高效读一本书"，单击"AI Generate"按钮，进入 PPT 生成页面，如图 3-4 所示。

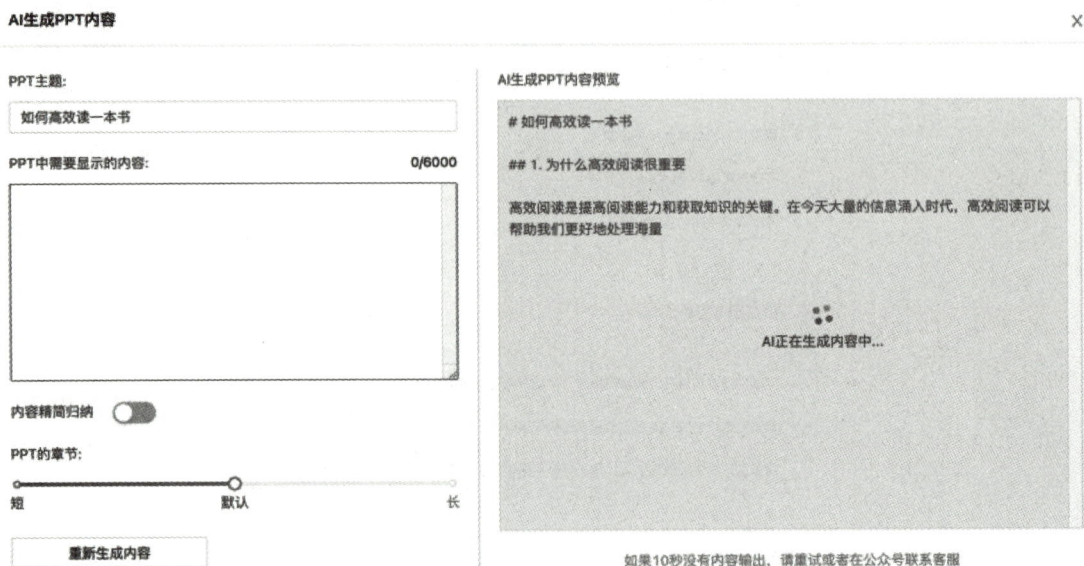

图 3-4　MindShow 中的 Title 输入框

（4）在"PPT 中需要显示的内容"文本框中输入 ChatGPT 生成的大纲，单击"重新生成内容"按钮，即可在"AI 生成 PPT 内容预览"框中看到将要应用于幻灯中的大纲信息，如图 3-5 所示。

图 3-5　MindShow 中的 PPT 生成操作界面

(5) 单击"生成 PPT"按钮，进入 PPT 模板选择页面，如图 3-6 所示。

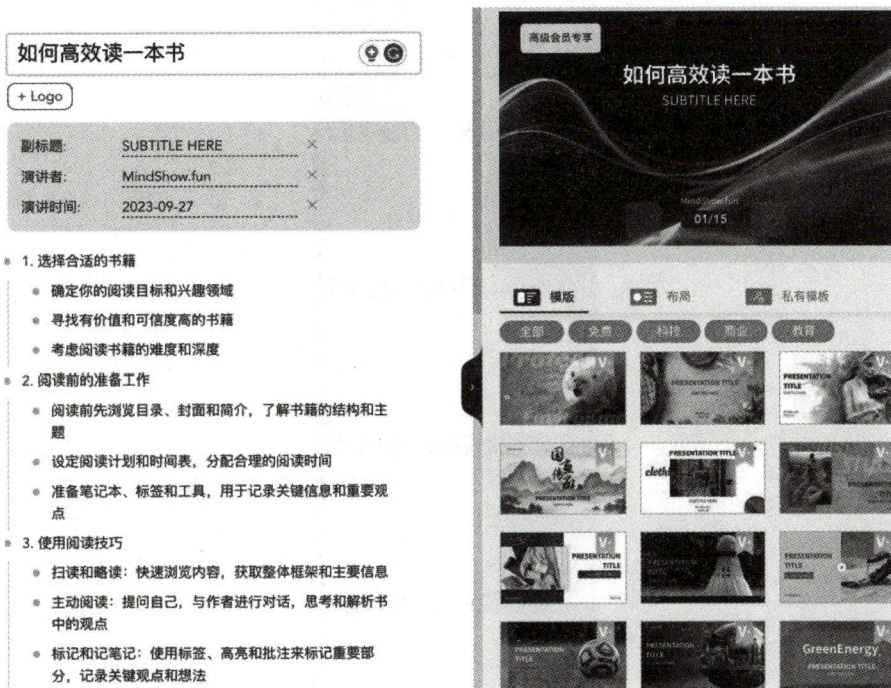

图 3-6　MindShow 中的 PPT 模板选择界面

(6) 双击选择某个模板，浏览生成的 PPT，如图 3-7 所示。

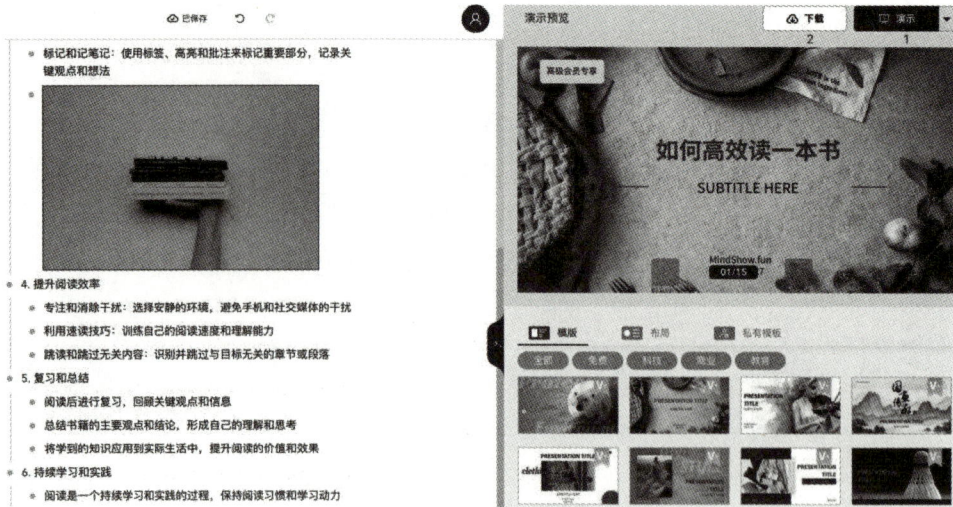

图 3-7　MindShow 中的 PPT 演示和下载

(7) 单击"演示"或"下载"按钮，观看生成的 PPT，其效果如图 3-8 所示。

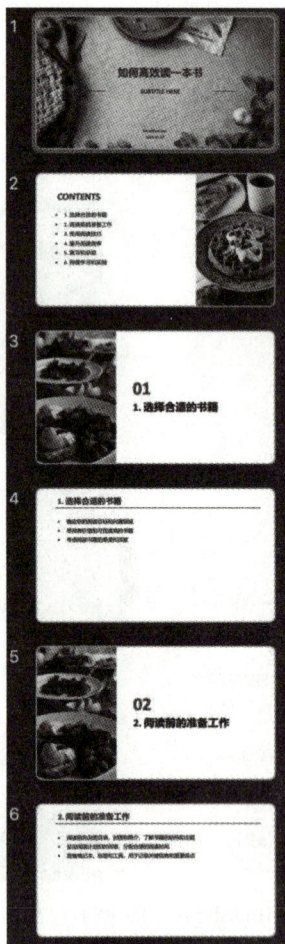

图 3-8　高效读书方法 PPT 效果图

活动二　使用文心一言写小说

预备知识：文心一言概述

一、文心一言

文心一言 (ERNIE Bot，知识增强大语言模型) 是一款基于人工智能技术的语言模型，它具备强大的自然语言处理能力，能理解和生成自然语言文本。该模型基于百度的自研文心大模型技术架构，拥有广泛的知识领域和语言处理能力。它通过不断地学习和优化来提高自身的性能和准确性，为用户提供更加精准和高效的语言服务。

文心一言不仅能理解和生成自然语言文本，还具有灵活性和可扩展性。这意味着它可以轻松地适应不同的语言和语境，并且根据用户的需求进行定制和优化。无论是用于写作、翻译、客服还是语音交互等领域，文心一言都具有优势，可提高工作效率和质量。

除了作为智能写作助手来帮助用户快速生成高质量的文本内容，文心一言还可应用于更广泛的领域。例如，在教育领域，文心一言可以帮助教师快速整理课程资料和学生作业，提高教学效率；在医疗领域，文心一言可以辅助医生进行病例分析和诊断建议，提高医疗服务质量；在企业管理领域，"文心一言"可以帮助企业家进行数据分析和市场预测，为企业决策提供有力支持。

二、文心一言在输出小说内容上的优势

文心一言在输出小说内容方面具备以下优势：

(1) 多样化的小说风格。文心一言可以生成多种不同风格的小说，如浪漫、惊悚、科幻、历史等风格，这些风格可满足绝大部分读者的需求。

(2) 快速生成情节和角色。文心一言可以通过算法快速生成小说情节和角色，帮助作者节省时间和精力，同时为小说创作提供更多灵感。

(3) 情节优化。文心一言可以分析小说情节，发现其中的不足之处，并提出相应的优化建议，帮助作者提高小说的整体质量。

(4) 语言精练。文心一言可以帮助作者锤炼小说语言，使语言更加精练、生动、优美，这有助于提高小说语言的文学性和优美性。

(5) 自动纠错。文心一言可以自动检测小说中的语法、拼写错误、逻辑错误等，帮助作者避免一些常见的错误，提高小说质量。

(6) 情感分析。文心一言可以对小说中的情感进行分析，帮助作者更好地把握小说中人物的情感状态和心理变化。

(7) 智能配图。文心一言可以根据小说内容智能生成图片作为配图，为小说增加视觉效果和吸引力。

操作任务：使用文心一言创作小说"遇见末世"

使用文心一言创作小说的步骤如下：

(1) 在浏览器的地址栏输入"https://www.mindshow.fun/#/home"，进入文心一言的官方网站，如图 3-9 所示。

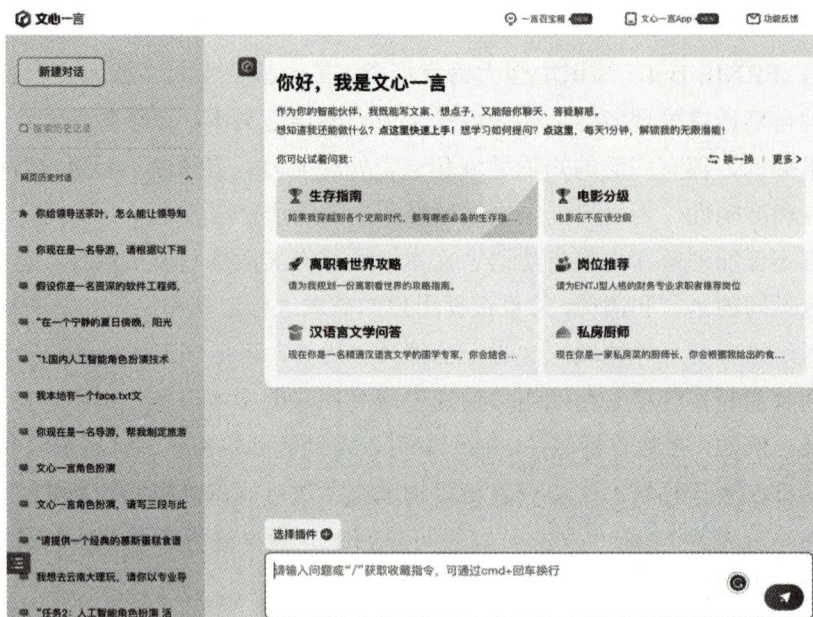

图 3-9　文心一言官方网站

(2) 在开始正式使用文心一言进行小说创作之前，首先需要通过文心一言输出小说创作的具体步骤，在文心一言的指令页面输入如图 3-10 所示的指令。

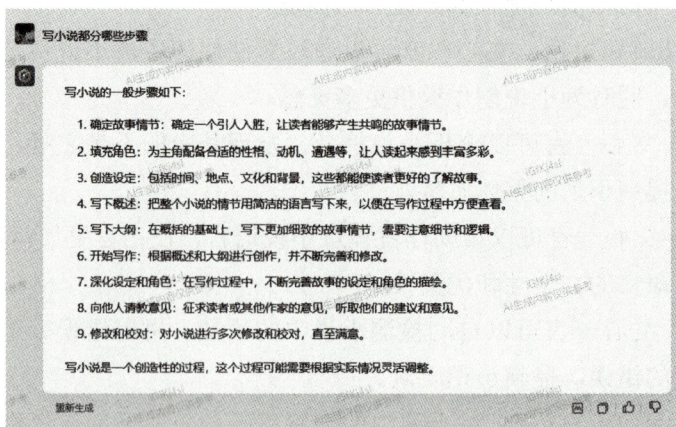

图 3-10　文心一言输出小说创作步骤

(3) 在文心一言的编辑栏输入"请为这个故事设计一个简单的主体框架，以及框架中的几个小细节"，如图 3-11 所示。

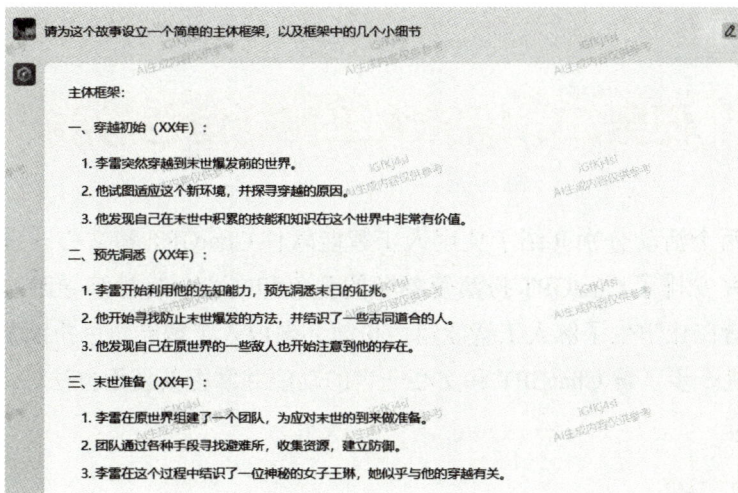

图 3-11　文心一言设计小说主体框架

(4) 在文心一言的编辑栏输入"请为这篇起一些章节标题，按照刚才的顺序"如图 3-12 所示。

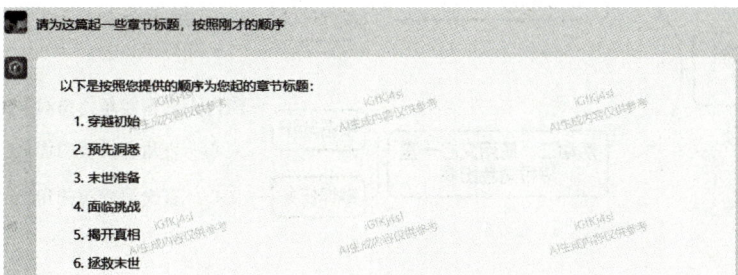

图 3-12　文心一言创造章节标题

(5) 在文心一言的编辑栏输入"请按照刚才的标题遇见末世，以中国作家王朔的口吻写 1000 字的小说开头"，如图 3-13 所示。

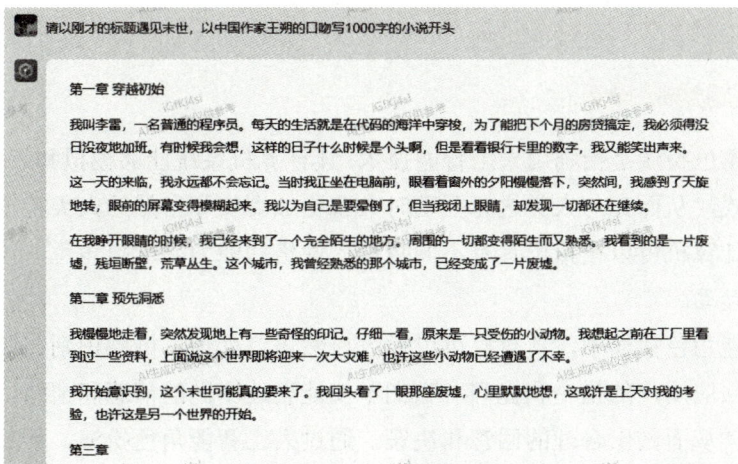

图 3-13　文心一言小说内容创作

任务二　探究人工智能角色扮演

　　本任务的两个活动分别介绍了使用人工智能软件 ChatGPT 和文心一言进行角色扮演的相关知识，并安排了 ChatGPT 扮演营养师的角色和文心一言扮演导游的角色两个操作任务。本任务旨在让学生了解人工智能角色扮演、国内人工智能角色扮演及文心一言角色扮演的优势，进一步了解 ChatGPT 和文心一言的功能并掌握其使用方法。

学习导图

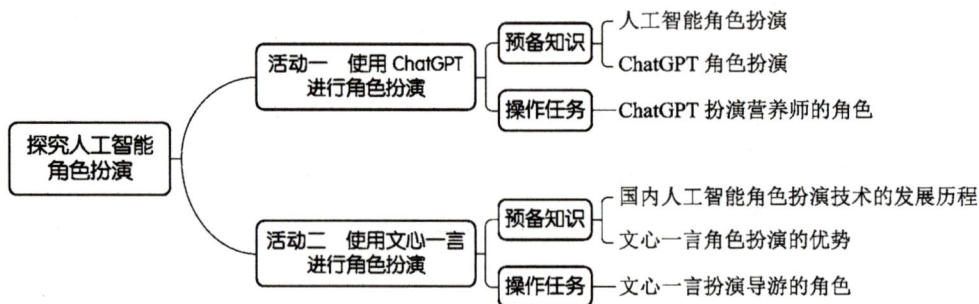

活动一　使用 ChatGPT 进行角色扮演

预备知识：人工智能角色扮演技术概述

一、人工智能角色扮演

　　人工智能角色扮演是指利用人工智能技术，让计算机系统能够模拟和表现人类的行为、情感和思维模式，从而在与人类进行互动时具备更加真实和自然的人类特征。通过人工智能角色扮演，计算机可以模拟出具有不同身份、性格和能力的虚拟角色，使其能与人类用户进行对话和互动。

　　在人工智能角色扮演中，计算机可以通过自然语言处理、情感识别、肢体语言分析等技术来理解和回应用户的指令和提问。它们不仅能表达不同的情感和情绪，并且能模拟人类的思维过程，从而做出合理的回答和决策。通过人工智能角色扮演，计算机成为一个能够陪伴、娱乐和帮助人类的伙伴。

　　人工智能角色扮演在许多领域都有广泛的应用。在教育领域，人工智能角色扮演可以作为一个虚拟的教师或学习伙伴，与学生进行互动，辅助他们学习和理解知识；在娱乐领域，人工智能角色扮演可以扮演游戏中的角色，与玩家进行对话和交互，提供更加丰富和真实的游戏体验；在客户服务领域，人工智能角色扮演可以代替人类客服，与用户进行沟通并解答问题。

二、ChatGPT 角色扮演

　　在 ChatGPT 的角色扮演功能中，用户可以选择一个特定的角色扮演身份，如医生、教师、演员等。根据所选择的角色，ChatGPT 会调整其语言回复和互动的风格，力求给用户带来与所扮演角色相一致的体验。通过 ChatGPT 角色扮演，用户可与模拟角色进行交流，ChatGPT 会以角色的口吻、知识和经验来回答用户的问题，尽可能地使用户感受到与真实角色对话的感觉。

　　ChatGPT 角色扮演功能可用于多个领域，如教育、娱乐、心理咨询等。在教育方面，学生可以与 ChatGPT 扮演的不同历史人物进行对话，以了解历史事件；在娱乐方面，用户可以与 ChatGPT 扮演的不同电影角色或虚构的英雄人物进行对话，以增强娱乐体验；在心理咨询方面，ChatGPT 可以扮演心理咨询师，用户与其进行对话，可获得一些建议和心理支持。

　　需要注意的是，虽然 ChatGPT 具有较强的自然语言处理能力，但其角色扮演功能仍然基于模拟和预测，可能存在一定的局限性。此外，用户在角色扮演交流中应当明确辨别虚拟角色与现实世界之间的界限。

操作任务：ChatGPT 扮演营养师的角色

　　使用 ChatGPT 实现角色扮演的步骤如下：

　　(1) 在 ChatGPT 正式扮演特定角色之前，先给 ChatGPT 定义一个"营养师"角色，即在 ChatGPT 的指令页面输入如图 3-14 所示的指令。

> **?** 假设你是一名经验丰富的营养师，你将要开始满足我以下的几个需求

> **◎** 当然，请告诉我您的需求，我会尽力满足。

图 3-14　定义 ChatGPT 为营养师

　　(2) 在 ChatGPT 的指令页面输入"帮我制订一周的饮食计划，并以表格的形式输出"，ChatGPT 随即生成丰富的周饮食计划表，如图 3-15 所示。

帮我制订一周的饮食计划，并以表格的形式输出

日期	早餐	午餐	晚餐
周一	燕麦片+牛奶	蔬菜沙拉+鸡胸肉+全麦面包	鱼香肉丝+米饭
周二	全麦面包+鸡蛋	素包子+蔬菜汤	蒸鱼+番茄炒蛋
周三	蛋白质奶昔	素三明治+水果	红烧肉+蔬菜炒面
周四	燕麦片+酸奶	香菇鸡肉粥+蔬菜沙拉	炒时蔬+糖醋排骨
周五	煎鸡蛋+全麦面包	素意面+水果	烤鸡腿+烤蔬菜
周六	蔬菜煎饼+豆浆	香辣鸡胸肉卷+沙拉	清蒸鲈鱼+蔬菜拌饭
周日	水果沙拉	四川麻辣香锅	素炒面+水煮蛋

以上是一周的饮食计划，早餐选用谷物、乳制品或蛋白质食品，午餐选择搭配蔬菜和主食，晚餐以鱼肉、肉类和蔬菜为主。请根据个人喜好和饮食习惯进行调整，并注意控制食物摄入量以保持营养平衡。

图 3-15　用 ChatGPT 生成的周饮食计划

活动二　使用文心一言进行角色扮演

预备知识：国内人工智能角色扮演技术

一、国内人工智能角色扮演技术的发展历程

国内人工智能角色扮演技术的发展经历了起步、经验积累、技术突破和应用拓展四个阶段。

1. 起步阶段

20世纪90年代至2000年初，国内的人工智能角色扮演技术主要处于起步阶段，研究和开发工作尚不成熟，主要集中在文本生成和自然语言处理方面，通过规则和模板的方式实现。

2. 经验积累阶段

2000—2010年，随着人工智能和自然语言处理技术的发展，国内开始积累相关经验，并应用于角色扮演技术中。这一阶段采用了统计机器翻译和语料库等方法，通过大规模数据的训练来提高人工智能角色扮演技术的文本生成和自然语言理解能力。

3. 技术突破阶段

2010—2020年，随着深度学习和神经网络技术的引入，国内的人工智能角色扮演技术取得了突破性的进展，可以实现更加准确和自然的文本生成和情感识别。同时，国内也开始尝试将角色扮演技术应用于更多领域，如客服、教育、娱乐等。

4. 应用拓展阶段

2020年至今，随着技术的不断进步，国内的人工智能角色扮演技术得到了广泛应用和拓展。人工智能角色扮演技术被应用于人机交互、智能客服、虚拟主播等场景，为用户提供了更加智能化和个性化的服务。

需要注意的是，以上所述的技术发展历程是一种概括性的描述，实际的发展过程可能因具体的研究机构、企业和项目而有所不同。

二、文心一言角色扮演的优势

文心一言在角色扮演方面具备出色的表现能力。无论是文学剧本创作还是游戏角色设定，文心一言都能根据用户输入的要求和背景信息，迅速生成富有情感和个性的角色描述，让创作过程更加简便高效。

通过深度学习算法和自然语言处理技术，文心一言能够快速理解用户的需求，并生成符合要求的角色描述。无论是描述角色的外貌特征、性格特点还是背景故事，文心一言都能准确把握用户的意图，并输出令人满意的结果。不仅如此，它还能根据用户的反馈进行不断优化和改进，提升人工智能生成角色描述的质量。

文心一言角色扮演功能不仅适用于文学创作领域，还适用于游戏开发和教学等领域。在游戏开发中，开发者可以利用文心一言生成的角色描述为游戏角色赋予生动的形象和丰富的故事背景；在教学中，教师可以利用文心一言生成的角色描述帮助学生更好地理解教学内容，并激发他们的学习兴趣。

操作任务：文心一言扮演导游的角色

使用文心一言实现角色扮演的步骤如下：

(1) 在文心一言正式扮演特定角色之前，先通过指令给文心一言定义一个"导游"的角色，即在文心一言的指令页面输入如图 3-16 所示的指令。

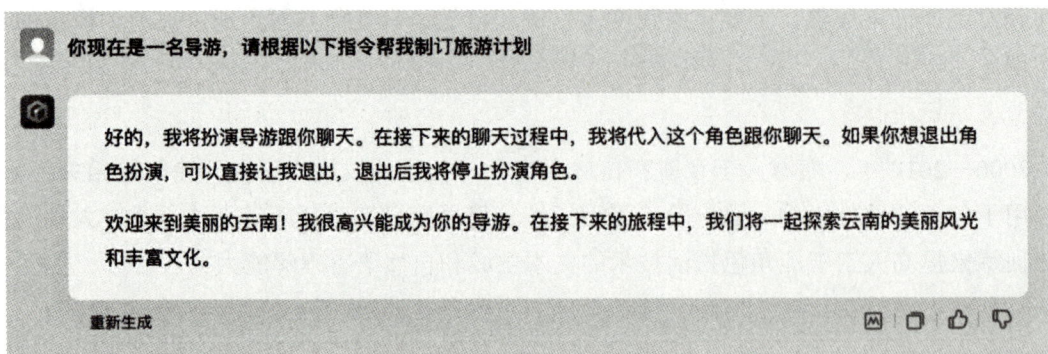

图 3-16　定义文心一言为导游

(2) 在文心一言的指令页面中输入"给我制订一个去南京的两天旅游计划"，文心一言随即生成一份旅游攻略，如图 3-17 所示。

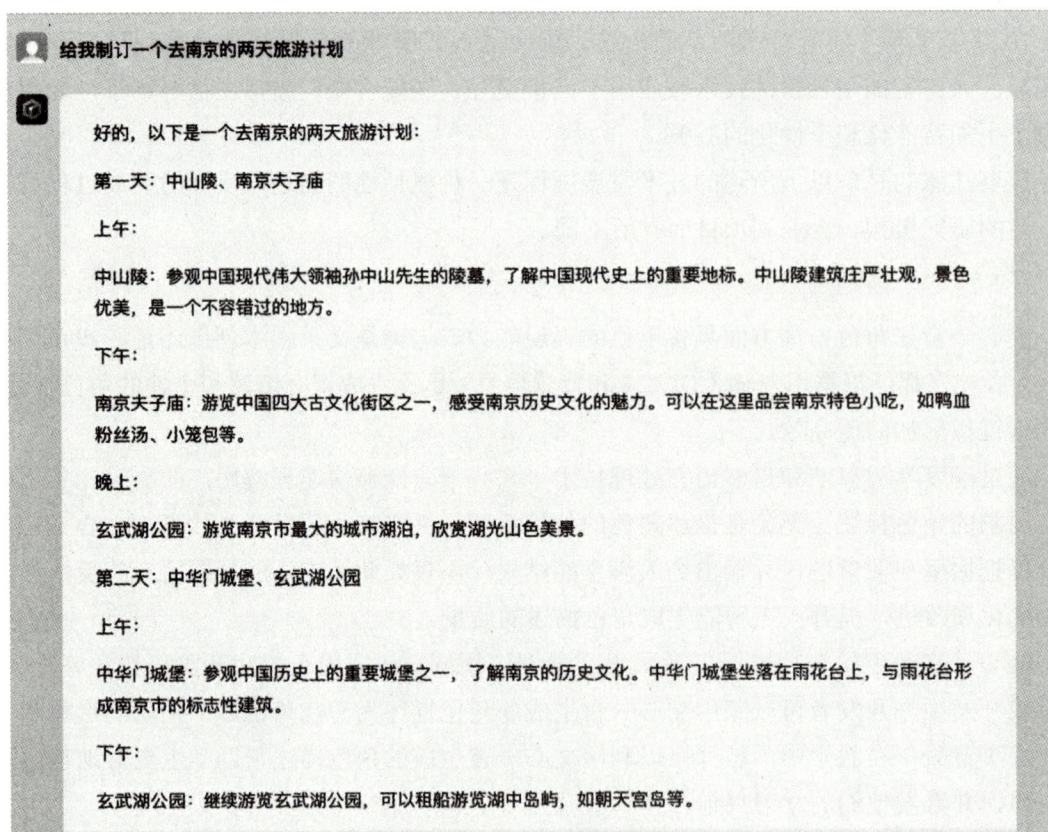

图 3-17　用文心一言生成的旅游计划

(3) 在文心一言的指令页面中输入"用表格输出"，文心一言便将以上生成的南京两天旅游计划以表格的形式进行输出，如图 3-18 所示。

用表格输出

以下是去南京的两天旅游计划的表格输出：

时间	活动安排	地点	备注
第一天上午	中山陵参观	中山陵	游览中国现代伟大领袖孙中山先生的陵墓，了解中国现代史上的重要地标。中山陵建筑庄严壮观，景色优美。
第一天下午	南京夫子庙游览	南京夫子庙	中国四大古文化街区之一，感受南京历史文化的魅力。品尝南京特色小吃，如鸭血粉丝汤、小笼包等。
第一天晚上	玄武湖公园游览	玄武湖公园	游览南京市最大的城市湖泊，欣赏湖光山色美景。
第二天上午	中华门城堡参观	中华门城堡	参观中国历史上的重要城堡之一，了解南京的历史文化。中华门城堡坐落在雨花台上，与雨花台形成南京市的标志性建筑。
第二天下午	玄武湖公园继续游览	玄武湖公园	可以租船游览湖中岛屿，如朝天宫岛等。

图 3-18　文心一言生成旅游计划表

任务三　探究人工智能程序开发

　　本任务的两个活动分别介绍了使用人工智能软件 ChatGPT 编写程序和使用文心一言解读代码的相关知识，并安排了使用 ChatGPT 编写简易计算器程序和使用文心一言解读简易计算器代码两个操作任务。本任务旨在使学生了解人工智能软件编写程序和解读代码的基本知识及其优势，掌握人工智能软件程序开发的简单操作，进一步掌握 ChatGPT 和文心一言的功能。

学习导图

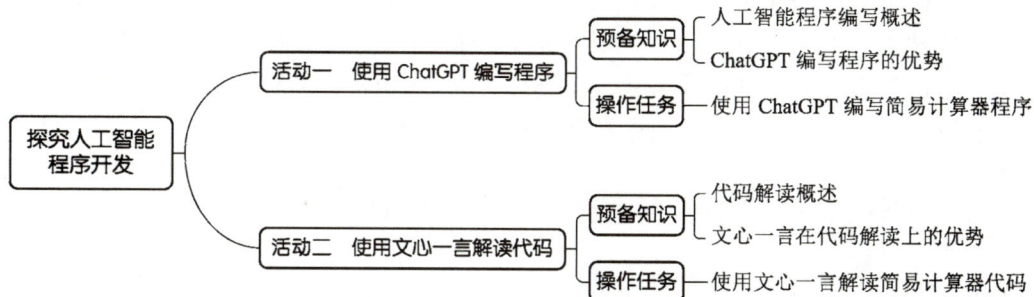

活动一　使用 ChatGPT 编写程序

预备知识：人工智能程序编写

一、人工智能程序编写概述

人工智能程序编写是指使用编程语言和算法来开发和实现人工智能技术的过程。这些程序可以用于解决各种复杂问题，如语音识别、图像处理、自然语言处理等。编写人工智能程序的过程通常包括定义问题，收集和准备数据，选择合适的算法模型，训练和优化模型，以及最终测试和部署程序。

在编写人工智能程序时，选择合适的算法模型是关键的一步。常见的人工智能算法包括机器学习、深度学习、遗传算法等。根据任务的不同，可以选择不同的算法来处理和分析数据。例如，用于图像识别的人工神经网络算法可以对图像进行分类和标记，用于自然语言处理的算法可以将文本进行分词和情感分析。

在编写人工智能程序时，数据的重要性也不可忽视。数据用于训练和验证模型，并评估程序的性能和准确性。丰富的、高质量的数据集可以提高程序的效果。为了获得这些数据，可以通过人工标注、数据采集和数据清洗等方式来获取。同时，也需要注意数据的隐私和安全，保护用户的个人信息和敏感数据的安全。这需要在程序编写过程中遵循相关的法律和伦理准则。

二、ChatGPT 编写程序的优势

ChatGPT 是基于大规模预训练的语言模型，它通过学习大量文本数据掌握了丰富的语言知识和模式，并能够生成连贯的回答。使用 ChatGPT 编写程序的一个显著优势是 ChatGPT 能够进行流畅自然的语言交互。这种特性使得 ChatGPT 在构建对话系统和智能助手时非常有用，用户直接与 ChatGPT 进行自然语言交互，即可得到符合语境和逻辑的响应。

使用 ChatGPT 编写的程序允许开发者根据具体需求进行定制化配置。通常通过改变模型的输入、调整模型的参数和设置其他相关选项等方式，来满足不同任务和领域的需求。这种灵活性使得 ChatGPT 适应各种应用场景，包括问答系统、客服机器人、聊天机器人等。

此外，使用 ChatGPT 编写程序的优势还表现在 ChatGPT 能够不断进行迭代和优化。对 ChatGPT 进行训练和微调，可提高其性能和准确性。通过引入更多的数据、调整模型的架构、改进模型的训练策略等方式，可持续改进 ChatGPT 的效果。这种持续优化的能力使得 ChatGPT 在应对新的任务和场景时更加灵活和可靠。

操作任务：使用 ChatGPT 编写简易计算器程序

使用 ChatGPT 编写简易计算器程序的步骤如下：

(1) 使用 ChatGPT 编写程序之前，先通过指令给 ChatGPT 定义一个"资深软件工程师"的角色，即在 ChatGPT 的指令页面中输入如图 3-19 所示的指令。

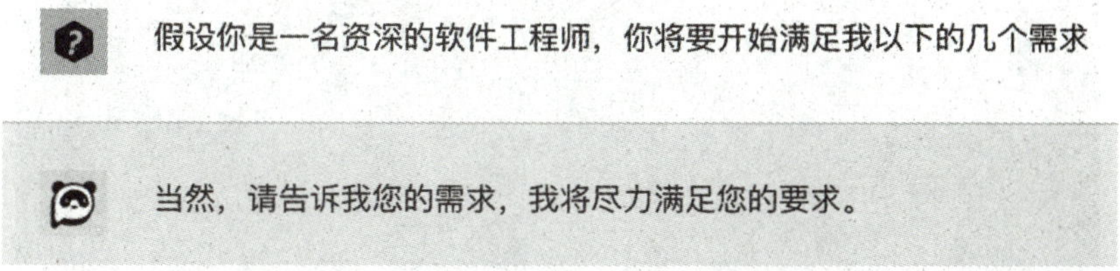

图 3-19 定义 ChatGPT 为资深软件工程师

(2) 在 ChatGPT 的指令页面中输入"请用 Python 写一款简易计算器"，ChatGPT 随即生成一段简易计算器的代码，如图 3-20 所示。

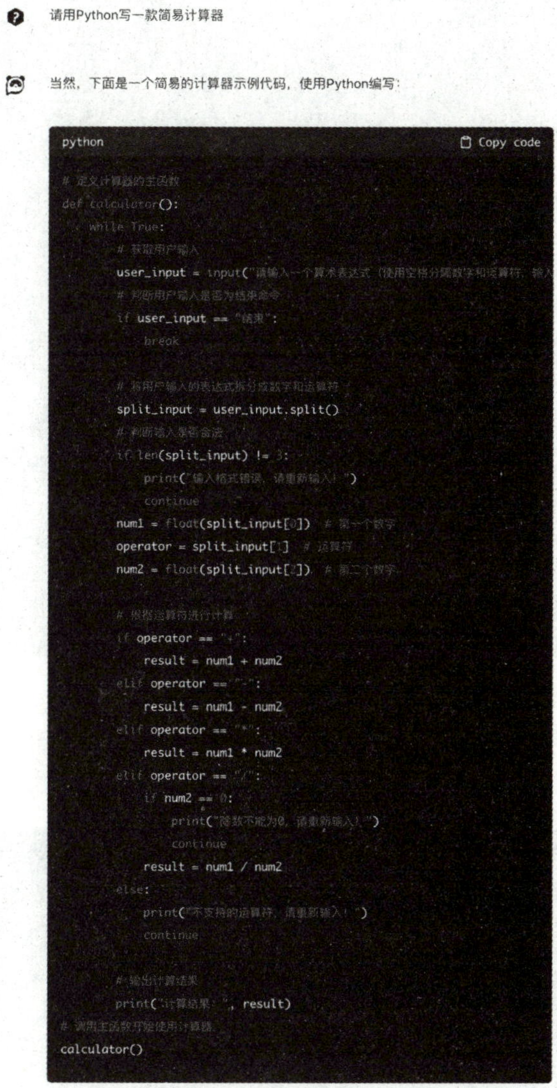

图 3-20 ChatGPT 生成简易计算器代码

(3) 打开 Pycharm 工具，将 ChatGPT 生成的代码复制到 Pycharm 工具的 Python 代码编辑窗中，如图 3-21 所示。

```python
# 定义计算器的主函数
def calculator():
    while True:
        # 获取用户输入
        user_input = input("请输入一个算术表达式（使用空格分隔数字和运算符，输入'结束'退出）：")
        # 判断用户输入是否为结束命令
        if user_input == "结束":
            break

        # 将用户输入的表达式拆分成数字和运算符
        split_input = user_input.split()
        # 判断输入是否合法
        if len(split_input) != 3:
            print("输入格式错误，请重新输入！")
            continue
        num1 = float(split_input[0])  # 第一个数字
        operator = split_input[1]  # 运算符
        num2 = float(split_input[2])  # 第二个数字

        # 根据运算符进行计算
        if operator == "+":
            result = num1 + num2
        elif operator == "-":
            result = num1 - num2
        elif operator == "*":
            result = num1 * num2
        elif operator == "/":
            if num2 == 0:
                print("除数不能为0，请重新输入！")
                continue
            result = num1 / num2
        else:
            print("不支持的运算符，请重新输入！")
            continue

        # 输出计算结果
        print("计算结果：", result)


# 调用主函数开始使用计算器
calculator()
```

图 3-21 Pycharm 中的简易机器人代码

(4) 在 Pycharm 中执行代码，在生成的简易计算器中将进行加、减、乘、除操作，如图 3-22 所示。

```
/Users/hengchen/PycharmProjects/pythonProject5/venv/bin/python /Users/hengchen/PycharmProjects/pythonProject5/main.py
请输入一个算术表达式（使用空格分隔数字和运算符，输入'结束'退出）：
计算结果： 25.0
请输入一个算术表达式（使用空格分隔数字和运算符，输入'结束'退出）：
计算结果： 3333.3333333333335
请输入一个算术表达式（使用空格分隔数字和运算符，输入'结束'退出）：
计算结果： 154.0
请输入一个算术表达式（使用空格分隔数字和运算符，输入'结束'退出）：
计算结果： 8656.0
请输入一个算术表达式（使用空格分隔数字和运算符，输入'结束'退出）：
```

图 3-22 ChatGPT 生成的简易计算器

活动二　使用文心一言解读代码

预备知识：代码解读

一、代码解读概述

代码解读是指对程序代码进行逐行、逐块的分析和理解的过程。在代码解读过程中，开发人员应仔细阅读代码，理解代码中各个部分的功能和作用。通过代码解读，开发人员可以深入了解代码的实现细节，理解代码的逻辑结构，找出潜在的错误和问题，并进行代码的优化和维护。

代码解读可帮助开发人员理解和熟悉一个项目或一个模块的工作方式。通过阅读代码，开发人员可以了解代码的整体结构和组织方式，掌握代码的执行流程和调用关系，理解代码中使用的数据结构和算法等。代码解读是学习和熟悉新的代码库的重要方法之一，可以帮助开发人员快速上手并进行有效的开发工作。

代码解读也是调试和修复错误的重要过程。当程序出现问题时，通过仔细阅读相关的代码片段，找出错误的根源所在，分析错误发生的原因，从而进行相应的修复。代码解读能够帮助开发人员准确定位和解决问题，加速调试过程，提高软件质量和稳定性。

二、文心一言在代码解读上的优势

使用文心一言解读代码具有简洁明了、高层次认知和快速回忆等优势。

(1) 文心一言能以简洁明了的方式概括代码的核心思想和功能。文心一言用简短的语言表达出代码的要点，可帮助读者快速了解代码的主要目的和实现方式。相比于详细的注释和解读，文心一言更注重概括和概念化，使读者能够迅速抓住代码的核心思路，提高代码阅读的效率。

(2) 文心一言可以帮助读者建立高层次的代码认知。文心一言通过简明扼要地描述代码的功能和思想来激发读者的想象力和思考能力，让读者把代码看作一个抽象的系统，而非仅仅是一堆具体的实现细节。这种高层次的认知提供了一种更深入的理解，使读者可以更好地理解代码的逻辑结构和设计原则。

(3) 文心一言还可以帮助读者快速回忆起代码的思想和功能。文心一言通过简明的描述形成了代码的概括性摘要，有助于读者在日后阅读代码时能够快速回忆起代码的要点和关键功能。这对于团队合作、维护旧代码以及进行代码重构都非常有益，节省了重复阅读和分析的时间，提高了工作效率。

操作任务：使用文心一言解读简易计算器代码

使用文心一言解读简易计算器代码的步骤如下：

(1) 使用文心一言解读代码之前，先通过指令给文心一言定义一个"资深软件工程师"的角色，即在文心一言的指令页面中输入如图 3-23 所示的指令。

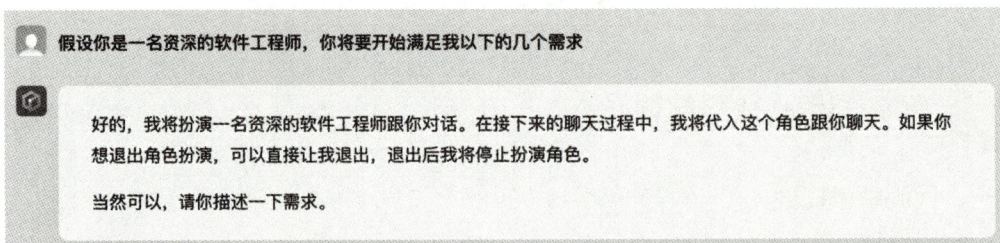

图 3-23   定义文心一言为资深软件工程师

(2) 将 ChatGPT 生成的简易计算器代码复制到文心一言的指令页面中，并在指令页面中输入"解读以上代码"，如图 3-24 所示。

```
# 调用主函数开始使用计算器
calculator()"解读以上代码
```

图 3-24   输入文心一言解读代码指令

(3) 点击运行按钮后，文心一言随即输出解读后的代码内容，如图 3-25 所示。

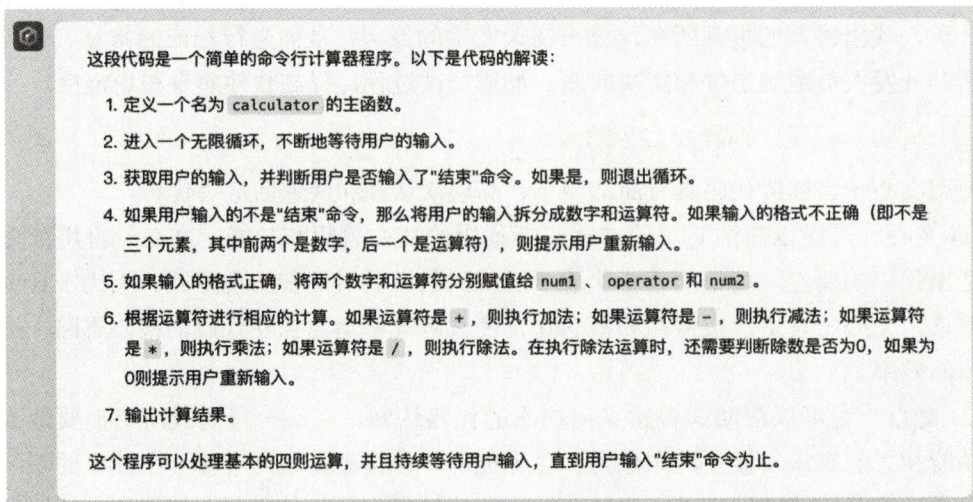

图 3-25   文心一言解读代码效果

任务四   探究人工智能文生图

本任务的三个活动分别介绍了使用人工智能软 ChatGPT 和文心一格制作插画、文心一言文生图以及 Midjourney 生成图片的相关知识，并安排了使用 ChatGPT 和文心一格绘制打篮球的阳光男孩、使用文心一言绘制鹦鹉以及使用 Midjourney 绘制"禁止焦虑"海报三个操作任务。本任务旨在使学生了解人工智能软件用于插画制作和文生图等功能，掌握人工智能软件生成图片的基本操作，进一步了解 ChatGPT 和文心一言的使用方法。

学习导图

```
                                              ┌─ 人工智能插画制作概述
                              ┌─ 预备知识 ──┤─ 文心一格介绍
           ┌─ 活动一  使用 ChatGPT 与文心一格 ──┤              └─ ChatGPT 与文心一格的结合应用
           │       制作插画            │
           │                          └─ 操作任务 ── 使用 ChatGPT 与文心一格绘制
           │                                        "打篮球的阳光男孩"
           │                              ┌─ 预备知识 ──┬─ 文生图概述
探究人工智能 ──┤─ 活动二  使用文心一言文生图 ──┤              └─ 文心一言在文生图上的优势
文生图       │                          └─ 操作任务 ── 使用文心一言绘制鹦鹉
           │                              ┌─ 预备知识 ──┬─ Midjourney 概述
           │                          │              ├─ Midjourney 在图片生成上的优势
           └─ 活动三  使用 Midjourney ──┤              └─ Midjourney 生成的关键词
                   生成图片            └─ 操作任务 ── 使用 Midjourney 绘制"禁止焦虑"海报
```

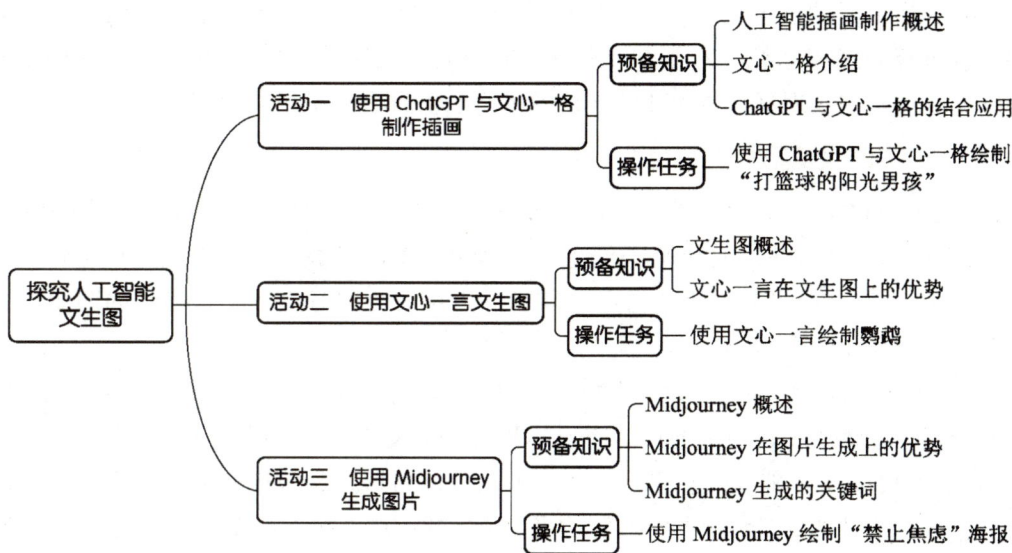

活动一　使用 ChatGPT 与文心一格制作插画

预备知识：人工智能制作插画

一、人工智能插画制作概述

人工智能插画制作是指利用 AI 技术为插画设计和制作提供辅助或全自动化的解决方案，通过深度学习、生成对抗网络 (GAN) 等先进技术，人工智能自动生成各种风格、主题的插画或对现有插画进行优化和变化。这种技术除了应用于传统的艺术创作，还涉及广告、游戏、出版和动画等多个领域。

人工智能插画制作的核心是模型的训练。利用大量的插画样本，模型可以学习到插画的基本元素、风格和构图方法。一旦训练完成，这些模型就能在短时间内生成高质量的插画作品。近年来，随着技术的进步，AI 不仅能复制现有的插画风格，还能根据指定参数创作出全新、独特的风格，为传统的插画创作带来无尽的可能性。

二、文心一格介绍

文心一格是一个现代化的 AI 绘图工具，专为艺术家、设计师和创意专业人员设计。这款工具结合了深度学习和图形设计的最新技术，可以自动生成高质量的插图和图形。用户只需输入简单的描述或关键词，文心一格便能生成相应的图像，极大地提高了创作的效率。

由于文心一格具备高度的自定义性和灵活性，因此在多个领域都受到用户的欢迎。无论是为了网站设计、广告宣传还是个人艺术项目，文心一格都能为用户提供高质量的图像资源。它不仅可以加速传统的图形设计流程，还可以为没有绘图基础的用户提供一个易于上手的创作平台。

文心一格背后的技术是基于先进的神经网络和 AI 算法。随着技术的迅速发展，文心一格也会进行升级和完善，为用户带来更多的功能和更佳的体验。同时，与其他 AI 工具一样，文心一格在处理复杂请求或特定艺术风格时仍有进一步拓展的空间。

三、ChatGPT 与文心一格的结合应用

ChatGPT 和文心一格同为当下知名的 AI 应用工具，二者结合应用具备以下优势：

(1) 实时交互与自动生成图像。通过结合 ChatGPT 的自然语言处理能力和文心一格的 AI 绘图功能，用户采用文字描述自己的需求后，系统会即时生成符合描述的图像，为用户提供高度定制化的内容。

(2) 简化设计流程。对于那些不熟悉设计软件或没有设计基础的用户，该结合应用可以直接使用自然语言描述他们的设计需求，从而简化设计流程，提高工作效率。

(3) 便于教育与培训。新手设计师和艺术家可以将该结合应用作为一个学习工具，用来描述不同的设计概念，并即时看到由 AI 生成的结果，从而加深对设计原则和概念的理解。

(4) 多模态交互。通过结合文本和图像的 AI 处理能力，用户可以获得更为丰富的多模态交互体验。例如，用户可以查询某种设计风格的图像示例，或者上传图像询问其风格或背后的设计元素。

(5) 持续迭代与优化。由于都是基于 AI 技术，这种结合应用可以持续学习和优化。随着用户不断交互和反馈，该结合应用可以提供更精确、更符合用户需求的设计。

(6) 应用场景广泛。无论是在广告、内容创作还是在教育中，ChatGPT 与文心一格的结合都可以提供高度定制化的解决方案，以满足各种不同的需求和场景。

操作任务：使用 ChatGPT 与文心一格绘制"打篮球的阳光男孩"

使用 ChatGPT 与文心一格制作插画的步骤如下：

(1) 通过指令给 ChatGPT 定义一个"资深插画设计师"的角色，即在 ChatGPT 的指令页面中输入如图 3-26 所示的指令。

你现在是一位经验丰富的插画设计师，正致力于为Midjourney创造充满想象力的图像。利用Midjourney的先进技术，你能够根据特定的提示词生成引人入胜的艺术作品。我将向你提供一段文本，请你运用你的创造力，为这段文本提供一系列具有启发性的描述。这些描述将作为Midjourney的输入，以确保产生高品质的艺术图像。如果理解了我的要求，请回复"OK"。

OK，我已理解您的需求。请提供您的文本，我将为您提供一系列具有启发性的描述。

图 3-26　定义 ChatGPT 为资深插画设计师

(2) 收到 ChatGPT 的回复后，简单地描述一个动态场景，如在 ChatGPT 的指令页面中输入"一个男孩在打篮球"，如图 3-27 所示。

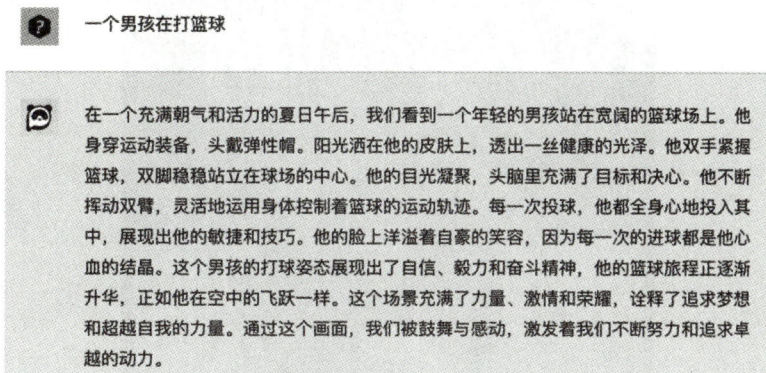

图 3-27　解读代码指令

(3) 将 ChatGPT 输出的完整画面描述复制到文心一格的指令窗中，如图 3-28 所示。

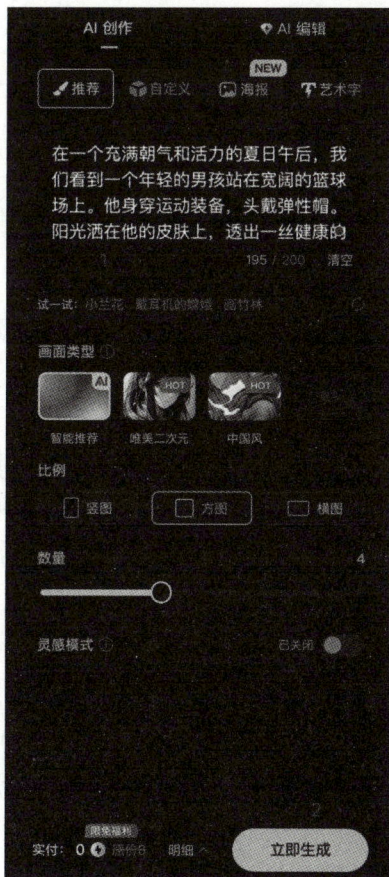

图 3-28　文心一格指令窗

(4) 点击"立即生成"，生成的"打篮球的阳光男孩"插画如图 3-29 所示。

图 3-29　生成"打篮球的阳光男孩"插画

活动二　使用文心一言文生图

预备知识：文生图

一、文生图概述

文生图是将文本内容转化为图形、符号或图像的形式，用图形方式来传达文本所表达的含义和主题。文生图以简洁明了、直观生动的方式展示了文本的核心概念和思想，使得读者不仅能通过文字理解其含义，还能通过图形进行更深入的感知和理解。

文生图的制作通常涉及借助于图形化工具或软件，将文本中的关键信息转化为具体的图形元素。这些元素可以是图像、符号、图表或其他形式的视觉元素。通过选择合适的颜色、形状和布局，文生图能以清晰、简洁的方式呈现出美观的视觉效果，吸引读者的注意力并有助于他们更好地理解和记忆文本内容。

文生图除了在学术领域中被广泛应用，还可在商业、科技等领域用于展示和传达复杂的数据和思想。文生图的使用提高了信息的可视化程度，让信息更加易于理解和消化；同时，文生图还能提高人们对信息的记忆力和理解力，以及提升沟通效果，使得信息传递更加准确和高效。

二、文心一言在文生图上的优势

文心一言在文生图上具备以下几点优势：

(1) 生成质量高。文心一言采用深度学习技术，可以学习大量的图像数据，从而能够根据用户输入的文字描述生成符合要求的、具有较高清晰度和逼真度的图像。

(2) 多样性。文心一言可以根据用户输入的不同描述，生成不同风格、不同主题的图像。

(3) 高效性。文心一言可以在短时间内生成大量的图像。这使得它在快速响应、实时生成图像等方面具有很大的优势。

(4) 可定制性强。文心一言可以针对用户的需求进行定制和优化。用户可以根据自己的需求和偏好，选择不同的生成参数、模型和风格，从而获得更加个性化的图像。

(5) 应用场景广泛。文心一言可以应用于广告、设计、文化、娱乐等领域，不仅能为用户提供创意灵感、视觉效果等方面的支持，也能提供定制化的图像生成服务。

操作任务：使用文心一言绘制鹦鹉

根据文心一言生成的文字描述来创作插画的步骤如下：

(1) 通过指令给文心一言定义一个"知名画家"的角色，即在文心一言的指令页面中输入如图 3-30 所示的指令。

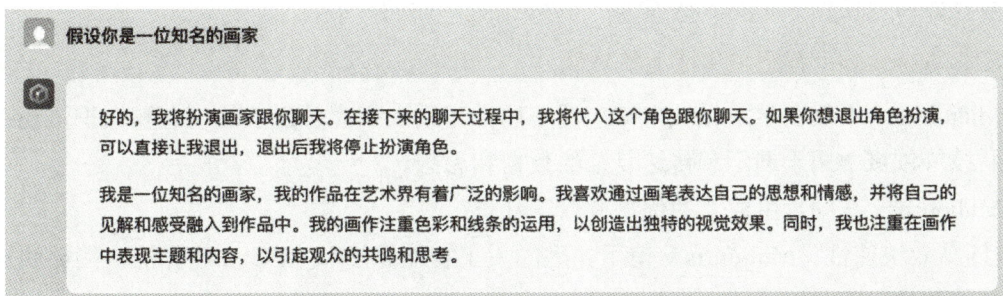

图 3-30　定义文心一言为知名画家

(2) 收到文心一言的回复后，在其指令页面中输入指令"绘制一只色彩鲜艳的鹦鹉"，绘制好的鹦鹉如图 3-31 所示。

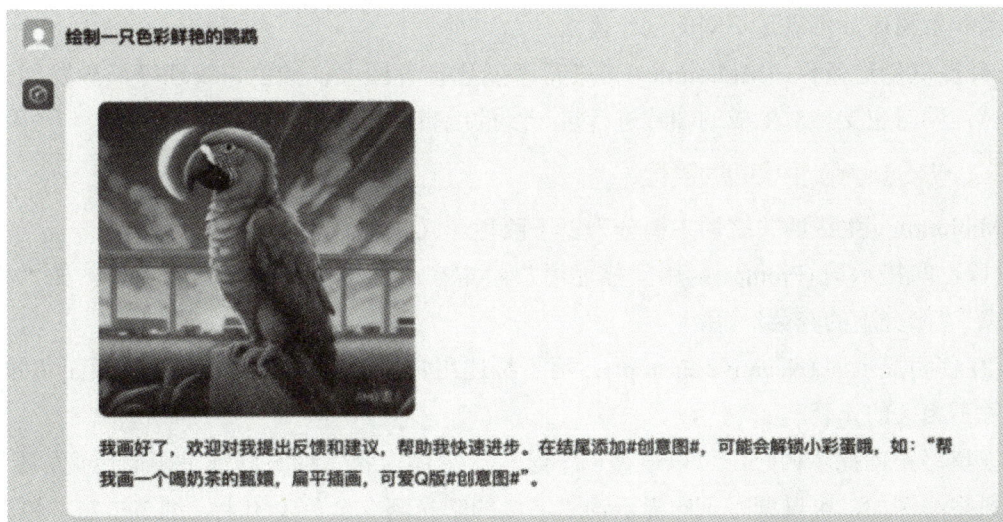

图 3-31　用文心一言绘制鹦鹉

活动三　使用 Midjourney 生成图片

预备知识：Midjourney 介绍

一、Midjourney 概述

Midjourney 可以根据用户的文本提示生成图像，用户还可以通过文字描述来控制生成的图像内容。此外，它还支持风格迁移、自动绘画、分层编辑等多种功能，用户可以选择不同画家的艺术风格，如安迪·沃霍尔、达·芬奇、达利和毕加索等。

Midjourney 广泛应用于创意设计、广告营销、游戏开发、虚拟现实等领域。例如，在游戏开发中，开发者可以使用 Midjourney 生成游戏角色、场景等元素；在广告制作中，广告设计师可以使用 Midjourney 生成广告海报、产品图片等。

二、Midjourney 在图片生成上的优势

Midjourney 不仅在学术领域中被广泛应用，帮助人们理解复杂的概念和知识，还在商业、科技等领域中用于展示和传达复杂的数据和思想。

Midjourney 在图片生成上的优势有以下几点：

(1) 高效快速性。Midjourney 使用先进的人工智能算法和 GPU 加速算法，能够快速生成想要的图片。

(2) 生成图片高度还原且细节丰富。Midjourney 利用深度学习和计算机视觉等技术，生成的图片在细节和质感上都能达到较高的水平且清晰度高。

(3) 使用简便。Midjourney 的用户操作界面较简单，并且 Midjourney 内部有丰富的绘图工具和素材库，可满足不同的创作需求。

(4) 提供创造条件。Midjourney 可进行智能化推荐图案、颜色、纹理等，激发创作者的灵感，同时也支持对生成的图片进行进一步的编辑和修改。

三、Midjourney 生成的关键词

Midjourney 生成的关键词主要分为以下两种形式。

(1) 正向提示词 (Prompt)：用于描述用户希望在画面中生成的内容和效果，如"美丽的风景""阳光下的花朵"等。

(2) 负面提示词 (Negative Prompt)：用于描述用户不希望在图片中呈现的画面和效果，以排除不相关的元素。

在撰写正向提示词时，可以遵循以下结构：主体内容＋细节修饰＋画面色调／质量＋艺术风格。例如，可以撰写正向提示词"清晨的阳光洒在金色麦田上，细节丰富，色调温暖，油画风格"。

操作任务：使用 Midjourney 绘制"禁止焦虑"海报

使用 Midjourney 生成图片的步骤如下：

(1) 模拟 AI 画家制作一个 AI 绘画，让 ChatGPT 生成关键词，如图 3-32 所示。

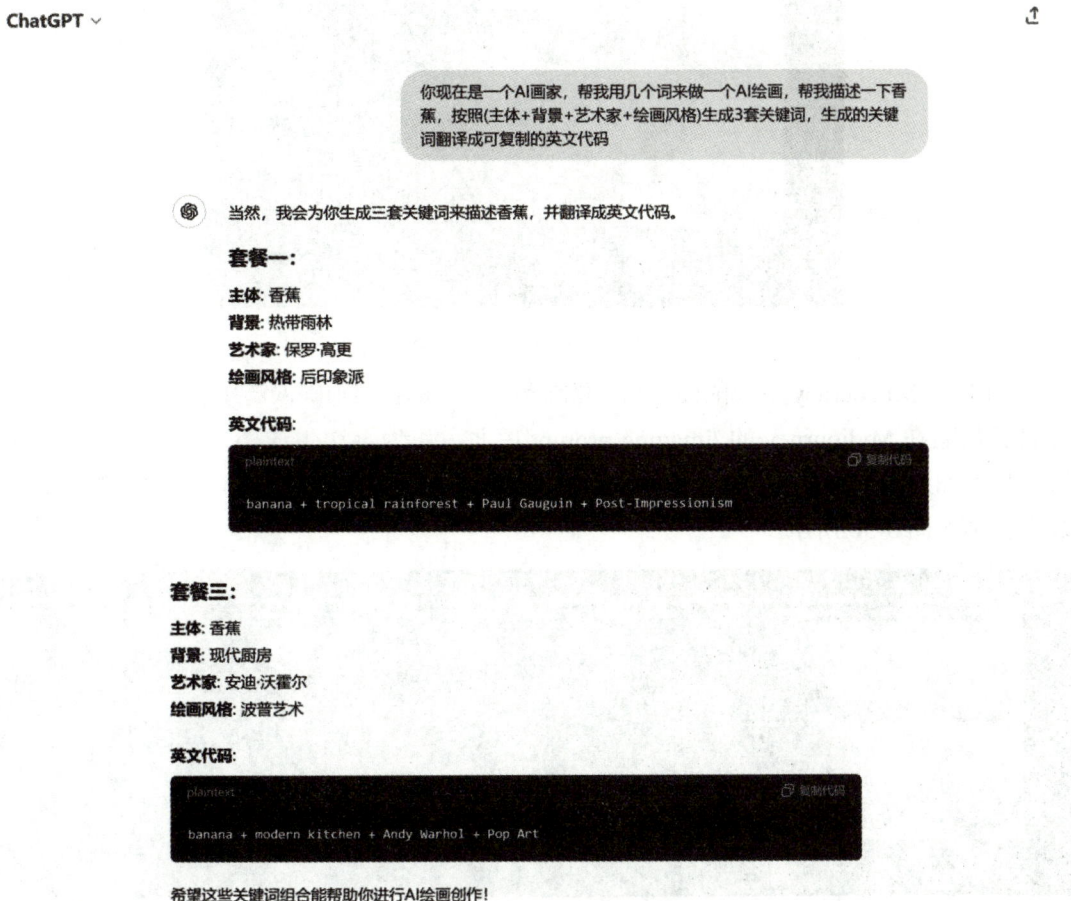

图 3-32　ChatGPT 提供关键词

(2) 通过 ChatGPT 提供的关键词，进行适当的调整，将中文关键词提供给 ChatGPT 并翻译成对应的英文单词，如图 3-33 所示。

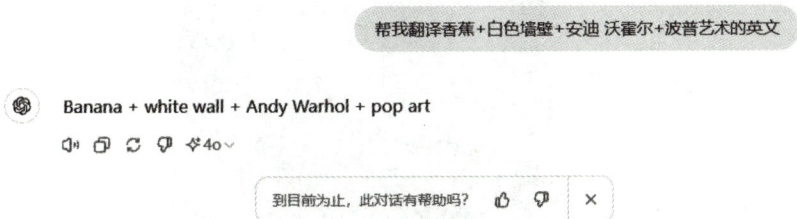

图 3-33　给 ChatGPT 提供关键词并翻译

(3) 收到 ChatGPT 的回复后，在 Midjourney 的指令页面中输入"A yellow banana;white walls;Andy Warhol;pop art"，Midjourney 即可绘制波普风格的香蕉，如图 3-34 所示。

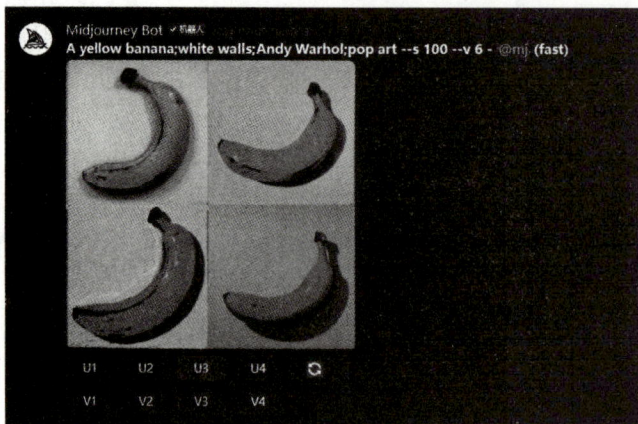

图 3-34　Midjourney 绘制波普风格的香蕉

(4) 收到 Midjourney 生成的图片后，复制参考图片的链接 (确保链接后缀为 .png 或 .jpg)，并将其粘贴在 Midjourney 的 /imagine prompt 后面，作为再次生成图片的垫图，然后在关键词后面加入继续加工的英文关键词，如"A green banana"(如图 3-35 所示)。生成的"蕉绿"插画如图 3-36 所示。

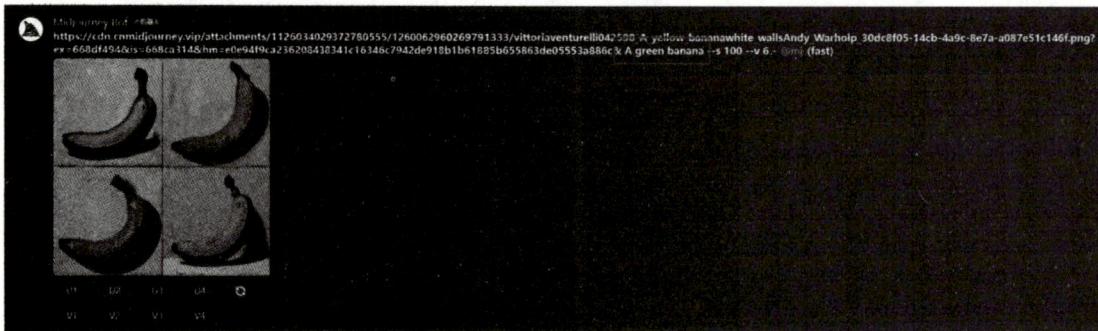

图 3-35　Midjourney 绘制香蕉细节

图 3-36　Midjourney 生成"蕉绿"插画

(5) 使用生成的插画绘制"禁止焦虑"海报,如图 3-37 所示。

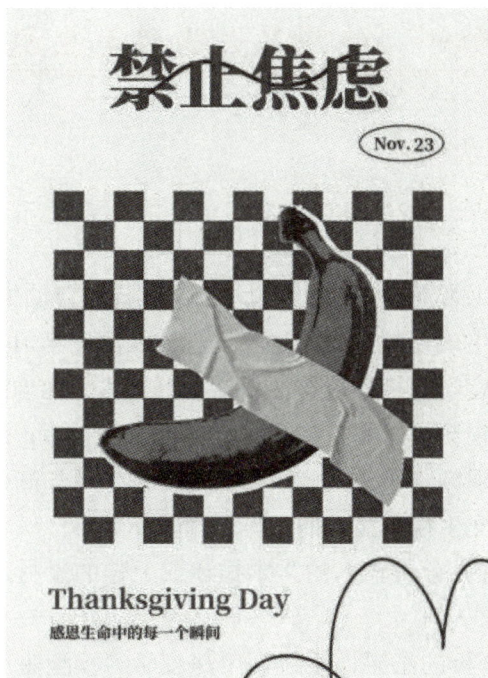

图 3-37　绘制"禁止焦虑"海报

任务五　探究人工智能文生视频

本任务的两个活动分别介绍了星火绘镜文生视频和 Runway 文生视频的相关知识,并安排了使用星火绘镜制作短剧"怪兽大战"和使用 Runway 制作电影风格的食物两个操作任务。本任务旨在使学生了解文生视频的概念,以及星火绘镜和 Runway 两个软件,掌握文生视频的基本操作。

学习导图

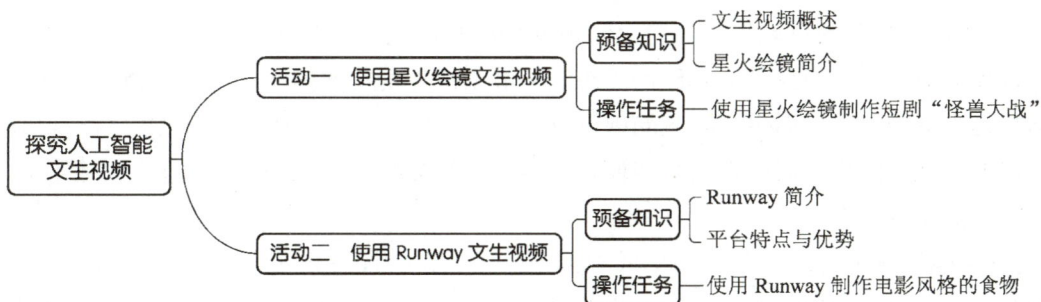

活动一　使用星火绘镜文生视频

预备知识：星火绘镜

一、文生视频概述

文生视频是指利用人工智能技术，根据输入的文本描述自动生成相应视频内容的过程，即利用人工智能技术自动生成视频内容。这一过程涉及深度学习、计算机视觉、自然语言处理等多个技术领域。深度学习模型能够分析输入的文本、图像或音频信息，并据此创造出全新的视频内容。文生视频技术不仅提高了内容创作的效率，还极大地拓宽了创意表达的边界，而且降低了传统视频制作的门槛，使得内容创作更加高效、多样化。

具体来说，人工智能文生视频技术的工作原理具体如下：

(1) 输入分析。系统首先分析输入的文本描述或上传的素材，提取其中的关键信息和特征。

(2) 内容生成。根据分析的结果，系统利用深度学习模型生成相应的视频内容，包括人物动作、背景环境、情感表达等。

(3) 优化与调整。生成的视频内容会经过一系列优化和调整，以确保其质量和流畅度。

(4) 输出与分享。最终的视频内容可以以多种格式输出，并分享到各种社交媒体或平台上。

文生视频技术已经在多个领域展现出了广泛的应用前景和巨大的市场潜力。随着技术的不断发展和完善，我们有理由相信文生视频技术将在更多领域发挥重要作用并为用户带来更加丰富的视觉体验。

二、星火绘镜简介

星火绘镜是科大讯飞推出的一款 AI 短视频创作平台，该平台利用先进的生成技术，将用户的文字输入转化为独特的电影风格视频，适用于创意展示、教育培训和内容制作等多个领域。科大讯飞作为中国领先的智能语音技术提供商，以其技术实力和市场影响力为星火绘镜提供了坚实的后盾。其核心功能包括以下几个方面：

(1) 文本到视频的自动生成。星火绘镜的核心功能之一是将用户输入的文本描述自动转换成视频内容。用户只需输入他们的想法、故事或任何文本描述，星火绘镜便能自动将其转换为视频剧本，进而生成相应的视频分镜，并最终扩展成完整的短视频。这一功能极大地降低了视频制作的门槛，使得即便是没有专业视频编辑技能的用户也能轻松创作出富有吸引力的视频内容。

(2) 智能视频编辑。除了自动生成视频外，星火绘镜还提供了多种智能编辑功能，如通过文本直接调整视频内容、自动合成背景音乐、快速生成旁白和对话等。这些功能不仅简化了视频编辑过程，还使得用户能够根据需要对视频内容进行高度定制，以满足不同的创作需求。

(3) 高度定制化。星火绘镜支持用户对生成内容进行高度定制，包括调整视频风格、背景音乐、旁白语速等。这种高度定制化的特点使得星火绘镜能够满足不同用户、不同场景下的多样化需求。

星火绘镜注重用户体验的优化，提供了简洁明了的操作界面和友好的交互设计，用户在使用过程中可以感受到平台的便捷性和高效性。同时，星火绘镜还积极收集用户反馈，不断优化平台功能和性能，以满足用户的多样化需求。

操作任务：使用星火绘镜制作短剧"怪兽大战"

使用星火绘镜制作视频的具体步骤如下：

(1) 通过浏览器访问星火绘镜的官方网站，进入星火绘镜的创作界面后，点击"开始创作"按钮进入创作流程。如果尚未注册账户，则需要先进行注册并登录，如图 3-38 所示。

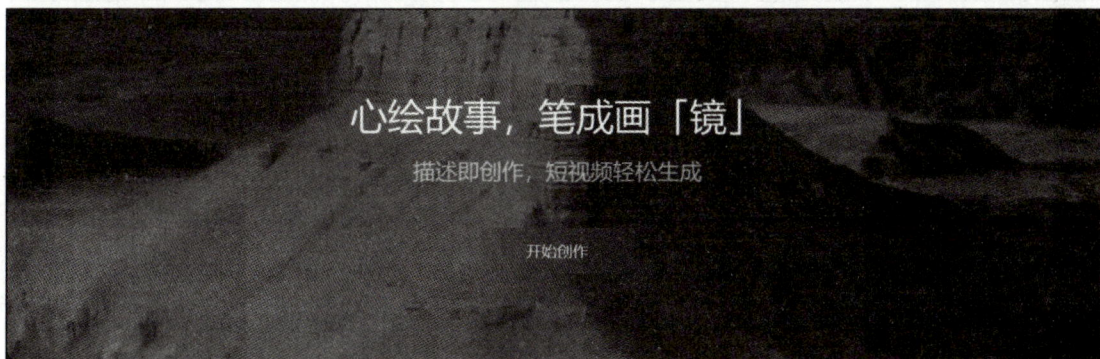

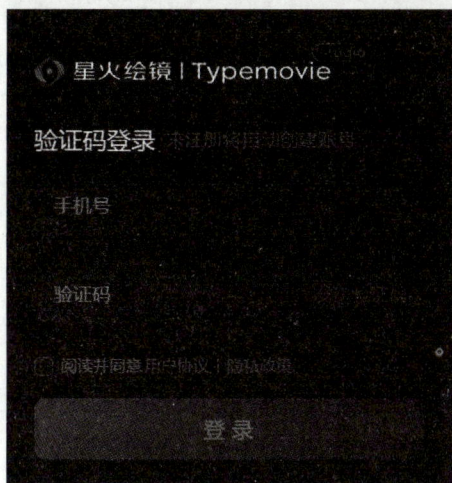

图 3-38　登录星火绘镜

(2) 在首页点击"开始创作"后，首先进入文字脚本创作阶段。用户输入自己的灵感和创意，选取想要创作的作品类型，点击生成内容即可完成 AI 脚本创作。星火绘镜支持多种内容类型，如短剧、预告片、MV 等，用户可以根据自己的需求选择合适的内容类型进行创作，如图 3-39 所示。

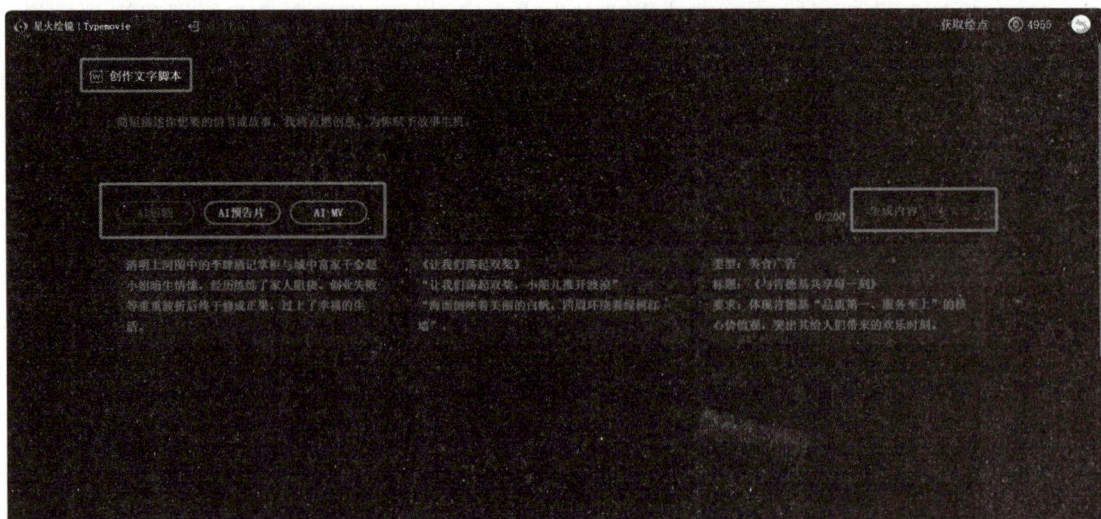

图 3-39　创作文字脚本（一）

(3) 输入"巨大的怪兽哥斯拉从天而降，打破了世界的平静，电气小精灵皮卡丘为了守护世界踏上了寻找神秘力量纯净之心的旅途，与哥斯拉展开了一场惊心动魄的大战。"选择短剧，点击生成内容，AI 生成的脚本主要包括"背景设置"和"故事大纲"两部分，可以通过修改"时间、地点和人物"的设定来完成故事的设置。若对生成的脚本不满意，则可以点击重新生成尝试新的创意。用户可以根据需要点击画面比例 (16∶9 或 9∶16) 选择制作横屏或竖屏的视频，如图 3-40 所示。

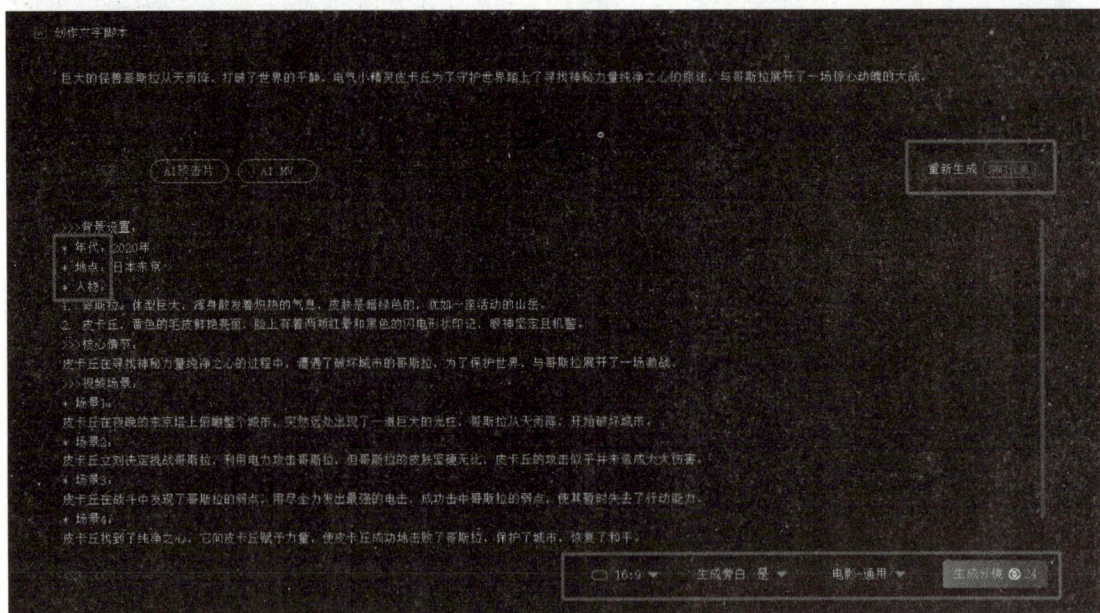

图 3-40　创作文字脚本（二）

(4) 在画面风格上，共有九种风格供你选择，用户可以根据作品的基调选取合适的风格进行创作，设置完成后，点击生成分镜即可获取图片分镜，如图 3-41 所示。

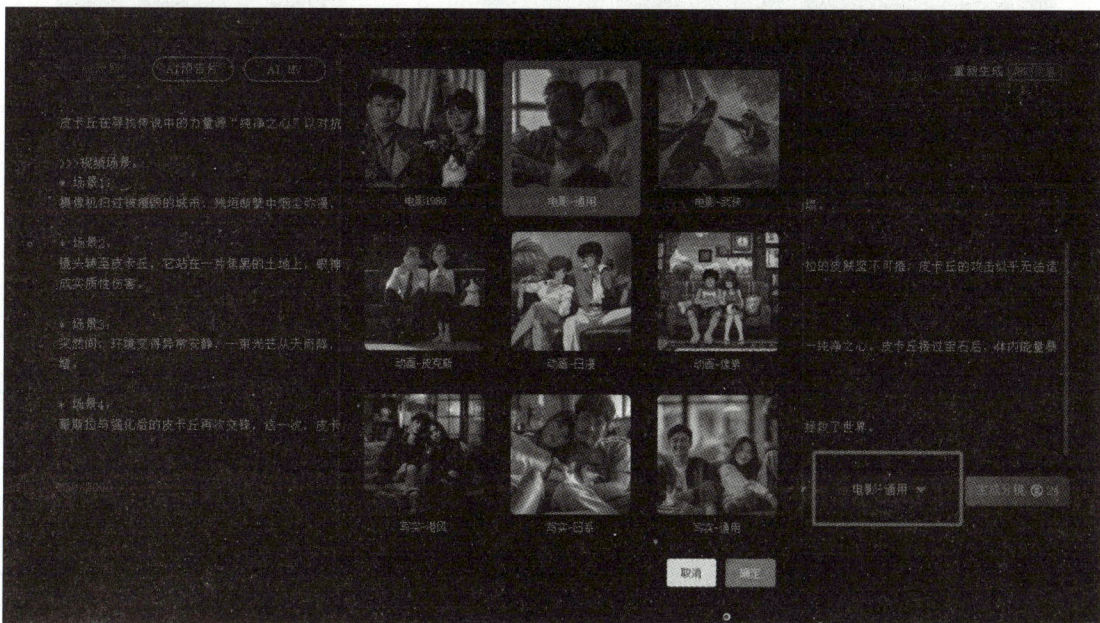

图 3-41 创作文字脚本 (三)

(5) 根据文字脚本 AI 将生成对应的图片分镜，只需等待 1～2 分钟，即可查看图片效果，如图 3-42 所示。

图 3-42 生成图片分镜

(6) 完成图片分镜设置后，点击"生成视频"，即可生成视频素材，如图 3-43 所示。

图 3-43   生成视频素材

(7) 视频素材调整完成后，点击"下载"按钮，可以保存单个视频素材，如图 3-44 所示。

图 3-44   导出素材到本地

(8) 所有视频素材调整满意后，点击右上角的"导出"按钮，可以一键下载工程压缩包，包含旁白内容、图片分镜和视频分镜，如图 3-45 所示。

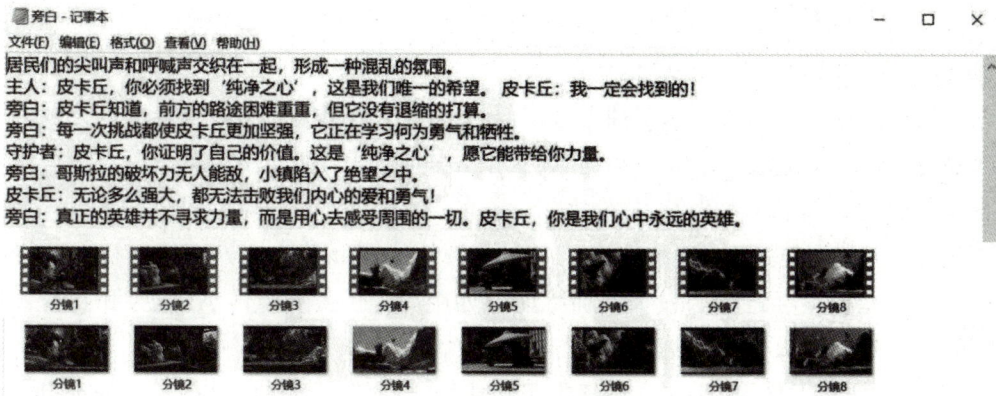

图 3-45　导出素材到本地

活动二　使用 Runway 文生视频

预备知识：Runway

一、Runway 简介

Runway 是一个集合了多种人类智能模型的平台，由 Cris Valenzuela(CEO)、Anastasis Germanidis 和 Alejandro Matamala-Ortiz 于 2018 年在纽约创立。该平台旨在为用户提供可视化、简单易用的工具，帮助他们快速构建自己的 AI 模型并实现各种 AI 应用，如图像生成、自然语言处理、机器翻译等。Runway 以其强大的技术实力和丰富的功能特点在 AI 领域获得了广泛的关注和认可。其核心功能包括以下几个方面：

(1) AI 视频生成与编辑。Runway 提供了强大的 AI 视频生成与编辑功能，用户可以通过平台生成高质量的动画、过渡效果和视觉特效。同时，平台还提供了丰富的视频编辑工具和功能，使得用户能够对生成的视频进行进一步的修改和优化以满足不同的创作需求。

(2) 图像生成与处理。除了视频生成外，Runway 还支持图像生成与处理功能。用户可以利用平台的 AI 算法创建新的图像、修改现有图像或进行风格转换等操作。这些功能使得图像创作和编辑变得更加高效和便捷。

(3) 3D 内容创作。Runway 提供了 3D 内容创作功能，支持 3D 模型的生成、编辑和渲染以及实时 3D 场景的构建和交互。这一功能为 3D 内容创作者提供了强大的支持，使得他们能够更加高效地完成 3D 作品的创作和展示。

(4) 音频处理。Runway 提供了音频处理工具，如语音合成、音乐生成和音效设计等。用户可以通过这些工具为视频或图像添加声音元素以增强作品的表现力和感染力。

(5) Workflow 自动化。Runway 允许用户创建和定制工作流程以实现创意任务和流程的自动化。这一功能极大地提高了工作效率和创作灵活性，使得用户能够更加专注于创意本身而非繁琐的操作流程。

二、平台特点与优势

Runway 平台具有以下特点和优势：

(1) 可视化操作界面。Runway 拥有直观易用的可视化操作界面，使得用户无须编写复杂的代码或了解底层算法即可快速构建 AI 模型并实现各种 AI 应用。这一特点使得平台更加适合非专业用户和普通大众使用。

(2) 丰富的预训练模型。平台提供了各种预训练模型涵盖文本、图像、视频、音频等多个领域。这些模型经过精心设计和训练能够为用户提供高质量的 AI 服务和支持。用户可以根据自己的需求选择合适的模型进行创作和编辑。

(3) 强大的社区支持。Runway 还提供了在线社区功能，用户可以在其中分享自己的作品、交流体验和学习 AI 技术。这一功能促进了用户之间的互动和合作，使得他们能够更好地利用平台资源和优势以实现共同的目标和愿景。

操作任务：使用 Runway 制作电影风格的食物

假设我们想要生成一个关于 "Vegetables and meat for hotpot in the style of professional cinematography." 的视频场景。通过 Runway 的 Gen-2 模型，我们可以仅凭这段文字描述，快速生成一段具有电影质感的视频片段，步骤如下：

(1) 访问 Runway 的官方网站 (https://runwayml.com/) 并进行登录，如图 3-46 所示。

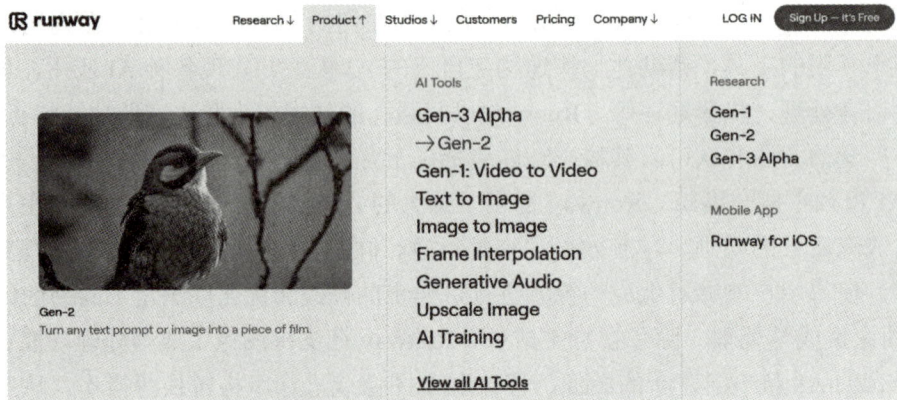

图 3-46　登录 Runway

（2）登录后，点击进入视频生成界面，选择"Start with Text"，如图 3-47 所示。

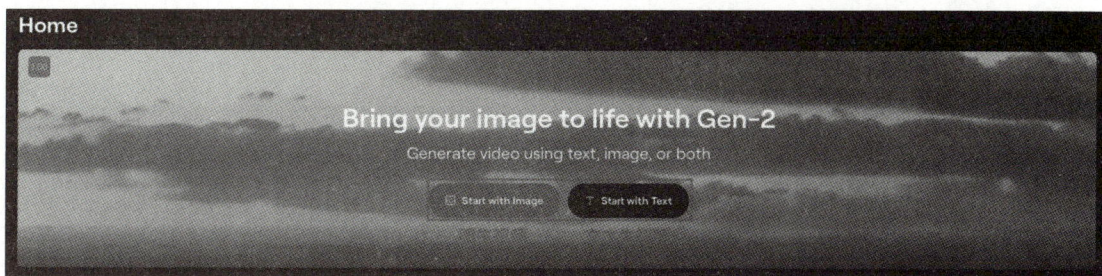

图 3-47　导出素材到本地

（3）在 Gen-2 编辑页面中，可看到一个文本框用于输入提示词。在这个案例中，我们输入 "Vegetables and meat for hotpot in the style of professional cinematography." Runway 的 Gen-2 模型会根据这个描述自动生成相应的视频场景，如图 3-48 所示。

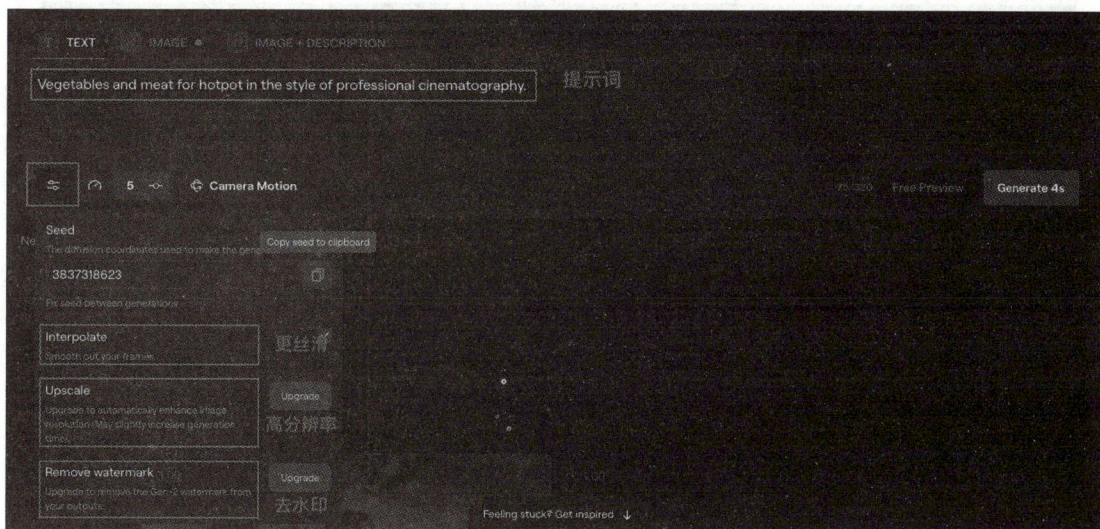

图 3-48　输入提示词

（4）设置视频生成的相关参数。Runway 提供了多种参数供用户调整，以达到期望的视频效果。以下是一些关键参数的设置说明：

① 基础设置。

• Interpolate：建议保持默认，使视频帧更丝滑。

• Upscale：提高视频分辨率（需升级账号，免费版默认 720 p）。

• Remove watermark：去除水印（需升级账号）。

② General Motion：控制视频的整体运动幅度，默认值为 5，数值越高，视频动作越多，如图 3-49 所示。

③ Camera Motion（如图 3-50 所示）。

• Horizontal：水平方向左 / 右移动。

• Vertical：垂直方向上 / 下移动。

- Roll：逆时针 / 顺时针旋转 (与 Horizontal、Vertical 互斥)。
- Zoom：缩小 / 放大 (镜头的拉远拉近)。
- Speed：设置摄像机的运动速度。

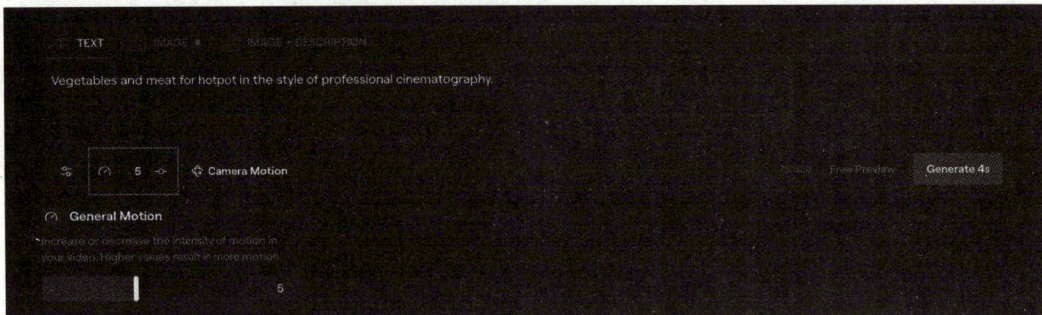

图 3-49　General Motion

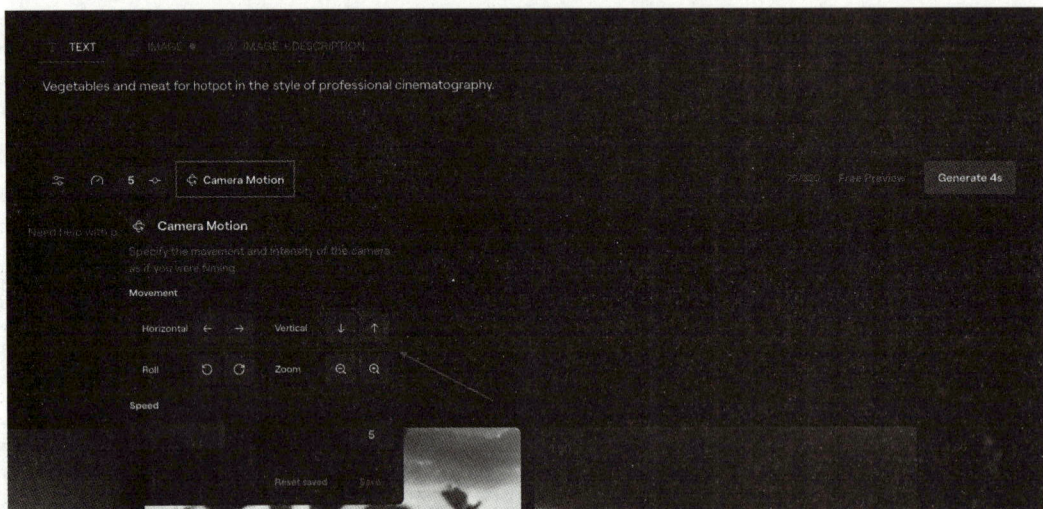

图 3-50　Camera Motion

(5) 完成参数设置后，点击"Generate 4s"直接生成视频，也可以点击"Free Preview"生成多组预览图片，从中选择最满意的一张进行视频生成。预览功能有助于节约积分，避免不必要的视频生成，如图 3-51 所示。

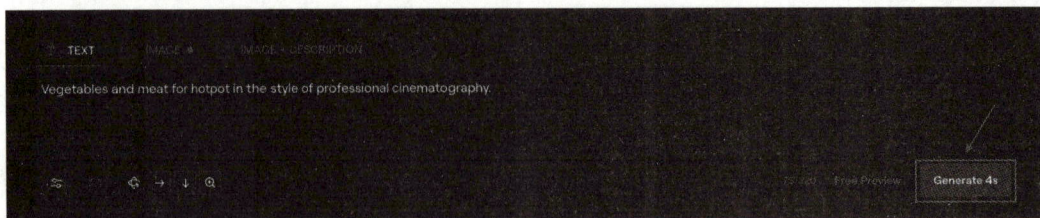

图 3-51　生成视频

(6) 生成的视频可以在 Runway 平台上直接预览和下载。若要生成更长的视频或更高清的版本，则可以升级账号或拼接多个 4 秒视频片段，如图 3-52 所示。

图 3-52　下载视频

思政小贴士：生成式人工智能技术的发展，正以其独特的魅力深刻影响着我们的生活和工作方式。从 ChatGPT 和 MindShow 在 PPT 开发中的创新应用到它们在角色扮演、小说创作中的独特展现，再到 ChatGPT、文心一言、文心一格在程序编写、代码解读以及文生图和文生视频领域的卓越贡献，我们见证了生成式工具如何成为推动社会进步的新质生产力。

新质生产力，不仅体现在技术层面的高效和智能，更在于它如何引领我们思考和创新。生成式人工智能技术所展现出的强大能力，正是新时代科技创新的生动体现。它不仅提升了工作效率，改变了创作方式，更在深层次上推动着社会生产关系的变革。

在学习和应用这些生成式工具的过程中，我们不仅要关注它们的技术细节和操作方法，更要思考它们如何助力我们解决现实生活中的问题，如何推动社会进步和发展。我们要以开放的心态拥抱新技术，以创新的思维探索新应用，以负责任的态度使用新技术，确保生成式人工智能技术的发展能够真正造福于人类社会。

同时，我们也要认识到，新质生产力的发展离不开良好的社会环境和道德规范的支撑。在享受生成式人工智能技术带来的便利和效率的同时，我们也要关注其可能带来的风险和挑战，积极寻求解决方案和应对策略，确保技术的健康发展与社会和谐稳定相互促进。

模 块 总 结

本模块主要介绍了人工智能在写作领域的应用，通过 ChatGPT 与 MindShow 共同制作 PPT 和文心一言写小说应用实例，阐释了其在文本生成与创意表达上的潜力。接着，章节聚焦于人工智能角色扮演，通过 ChatGPT 和文心一言的角色模拟活动，展现了人工智能在语言理解和表现多样性方面的能力。

本模块重点介绍了人工智能在程序开发领域的应用，通过 ChatGPT 编写程序和文心一言解读代码的活动，揭示了人工智能在辅助编程和代码分析方面的潜力。最后，本章涉及了人工智能在图像生成方面的应用，通过 ChatGPT 与文心一格合作制作插画和文心一言的图像创作，展现了其在视觉艺术和图像创意方面的应用价值。

模 块 评 价

1. 根据课堂提问及课后习题的完成情况，判断自身对于人工智能写作技术具体概念及实际应用的掌握情况。

2. 通过课前预习、课中回答、课后总结，了解自身对人工智能角色扮演的知识掌握情况。

3. 通过对人工智能程序开发的理解和应用来判断自身的知识掌握情况。

4. 通过对人工智能文生图定义原理和技术应用的梳理，以及课后习题的完成情况来判断自身的知识掌握情况。

5. 通过对人工智能文生视频的概念、工作原理和技术应用实践操作，以及课后习题的完成情况来判断自身的知识掌握情况。

序号	学 习 目 标	学生自评		
1	了解人工智能写作技术的具体概念及实际应用	□掌握	□基本掌握	□继续练习
2	掌握人工智能角色扮演的基本原理及操作实践	□掌握	□基本掌握	□继续练习
3	掌握人工智能程序开发的基本定义及技术应用	□掌握	□基本掌握	□继续练习
4	熟悉人工智能文生图的应用场景和常见技能	□掌握	□基本掌握	□继续练习

模块四
人工智能技术应用

知识目标

1. 了解人工智能在教育领域的应用案例和技术原理。
2. 了解人工智能在金融领域的应用范围和方式。
3. 了解人工智能在智能家居领域的发展现状和应用场景。
4. 了解人工智能在交通领域的应用案例和技术原理。

技能目标

1. 能够说明人工智能如何改进教育教学过程、个性化教育和智能辅助学习。
2. 能够分析人工智能在金融领域中的风险管理、智能投资和客户服务等方面的作用。
3. 能够描述人工智能在智能家居中的控制系统、智能设备和智能化体验方面的作用。
4. 能够说明人工智能在交通管理、智能交通系统和自动驾驶技术中的作用和挑战。

素质目标

1. 提高对人工智能技术在不同领域应用的认识和理解，培养对科技创新的兴趣和探索精神。
2. 培养分析问题、解决问题的能力，提高创新思维和实践能力。
3. 强化团队合作和沟通能力，通过合作完成任务并相互学习。
4. 培养对社会发展和科技进步的责任感，关注人工智能技术带来的社会影响和伦理问题。

任务一　探究人工智能在教育领域的应用

本任务的两个活动分别介绍了智能辅导和个性化教学的相关知识，并安排了了解讯飞AI学习机和了解讯飞·智慧课堂两个学习任务。本任务旨在使学生了解智能辅导、个性化教育和智能体测的定义，以及智慧体测的功能和应用场景。

学习导图

```
                                              ┌─ 个性化学习路径规划
                                    ┌─ 预备知识 ─┤─ 学习资源自动匹配
                        ┌─ 活动一  智能辅导 ─┤            ├─ 实时学习进度监控
                        │            └─ 学习任务 ── 学习成果评估与反馈
探究人工智能在 ─────────┤                        └─ 了解讯飞AI学习机
教育领域的应用          │
                        │            ┌─ 预备知识 ─┬─ 学生个性化需求识别
                        └─ 活动二  个性化教学 ─┤            ├─ 动态调整教学内容和方法
                                    └─ 学习任务 ── 智能助教辅助授课
                                                  └─ 了解讯飞·智慧课堂
```

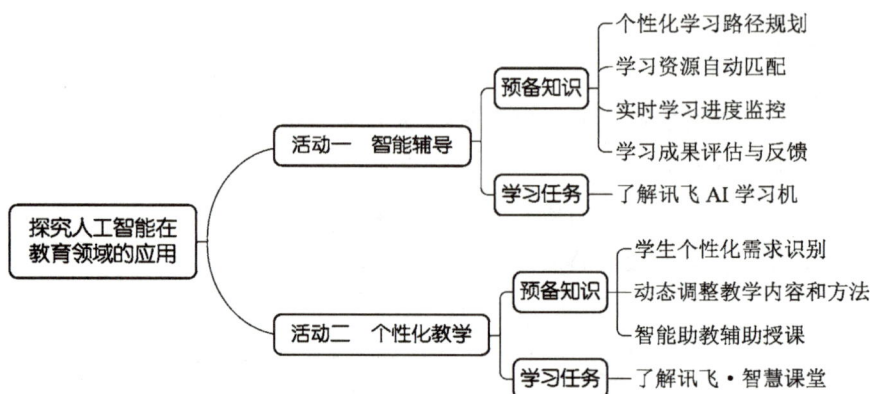

活动一　初探智能辅导

预备知识：智能辅导

智能辅导是一种利用人工智能技术为学生提供个性化学习支持的方法，它在多个方面都有着广泛的应用，包括个性化学习路径规划、学习资源自动匹配、实时学习进度监控以及学习成果评估与反馈。

一、个性化学习路径规划

个性化学习路径规划是根据学生的个人情况、学习需求和兴趣爱好等因素，为学生制订个性化的学习计划。通过分析学生的学习历史、成绩和兴趣，智能辅导系统可以为学生推荐合适的学习路径，帮助他们更好地掌握知识和技能。

二、学习资源自动匹配

智能辅导系统可以根据学生的学习进度和需求，自动匹配适合学生的学习资源。这些资源可以是课程视频、练习题、模拟试卷等，以满足学生的不同需求。通过智能匹配，智能辅导系统可以为学生提供针对性的学习材料，帮助他们更好地理解和掌握知识。

三、实时学习进度监控

实时学习进度监控是指智能辅导系统能够实时跟踪学生的学习进度，并及时给出反馈。通过分析学生的学习数据，智能辅导系统可以判断学生的学习状态，并及时提醒学生调整学习策略。此外，智能辅导系统还可以为教师提供学生的学习报告，帮助他们更好地了解学生的学习情况。

四、学习成果评估与反馈

智能辅导系统可以根据学生的学习数据和成绩，对学生的学习成果进行评估。通过评估，智能辅导系统可以为学生提供针对性的反馈和建议，帮助他们更好地改进自己的学习方法和策略。此外，智能辅导系统还可以为教师提供学生的评估报告，帮助他们更好地了解学生的学习成果和表现。

学习任务：了解讯飞 AI 学习机

科大讯飞的 AI+ 教育产品利用人工智能技术，为学生提供个性化的学习路径规划和精准的学习资源推荐，为教师提供全面的学情分析，帮助学校进行科学管理，从而提高教育效率和质量。其产品包括 AI 学习机、智慧课堂、大数据精准教学、AI 听说课堂、AI 创新教育、智慧体育、电子阅览室等，覆盖了区域教育治理、校园主阵地建设、智慧考试和自主学习等多个方面。

科大讯飞 AI 学习机 (见图 4-1) 面向小、初、高学生和家长，旨在通过多种 AI 技术在产品中的应用落地，为学生的自主学习提供 AI 辅导，其覆盖预习、复习、备考、作业辅导等多种场景，可有效解决孩子学业提升慢、提升难，良好学习习惯难以养成，以及家长辅导难等问题。

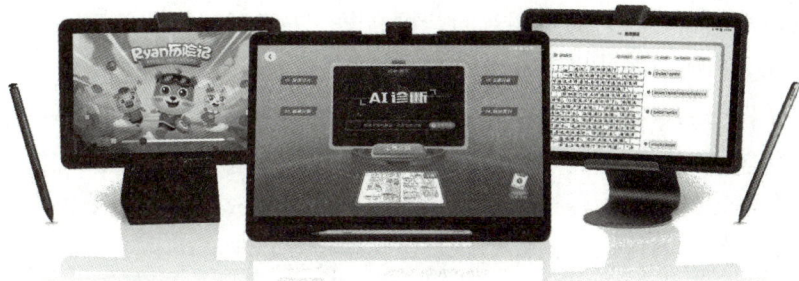

图 4-1　讯飞 AI 学习机

讯飞 AI 学习机结合了人工智能技术和教育大数据，旨在为学生提供精准、个性化的学习支持。以下是讯飞 AI 学习机的主要功能和特点：

(1) 精准辅导。讯飞 AI 学习机能够根据学生的学习数据和成绩，分析他们的学习薄弱点和知识掌握情况，生成个性化的知识图谱，为学生提供精准的学习内容和推荐。

(2) 个性化学习。讯飞 AI 学习机能够根据学生的年龄、学科、学习进度等数据，为他们制订个性化的学习路径和学习计划，帮助学生更好地掌握知识和提高学习效率。

(3) 智能评测。讯飞 AI 学习机配备了智能评测功能，能够对学生的学习成果进行实时评估和反馈，帮助学生及时了解自己的学习情况和不足之处，从而调整学习策略。

(4) 互动学习。讯飞 AI 学习机内置了多种互动学习模块和课程，如 AI 口语互动课、Raz-

Kids 分级阅读、熊小球语文启蒙 (见图 4-2) 等，可帮助学生提高学习的趣味性和参与度。

(5) 全面的学习资源。讯飞 AI 学习机内置了丰富的学习资源和素材，包括教材同步、知识点讲解、习题库等，可满足学生在不同学科和阶段的学习需求。

(6) 家长监管。讯飞 AI 学习机提供了家长监管功能，家长可以随时了解孩子的学习情况、学习进度和学习内容，从而更好地监督和管理孩子的学习。

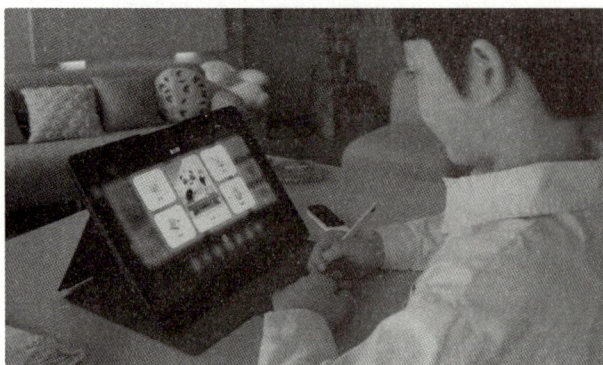

图 4-2   讯飞 AI 学习机使用场景

活动二   初探个性化教学

预备知识：个性化教学

个性化教学是指智能助教系统根据学生的个性和学习情况，灵活调整教学内容和方法，为学生提供针对性的辅导。它的主要目的是提高学生的学习兴趣和效率，帮助他们更好地掌握知识和技能。其应用涉及以下几个方面。

一、学生个性化需求识别

学生个性化需求识别是指智能助教系统自动识别学生的个性化需求，包括学生需要哪些方面的帮助和学习建议等。通过分析学生的学习数据和成绩，智能助教系统可以判断学生的需求和兴趣爱好，为他们提供针对性的建议和指导。

二、动态调整教学内容和方法

动态调整教学内容和方法是指根据学生的个性和学习情况，智能助教系统可以灵活调整教学内容和方法，以满足学生的不同需求和提高他们的学习兴趣。

三、智能助教辅助授课

智能助教辅助授课是指利用智能助教系统辅助教师进行授课和互动。智能助教系统可以为学生提供在线答疑、交流讨论、作业批改等服务，帮助他们更好地掌握知识和技能。此外，智能助教系统还可以为教师提供授课支持和辅助工具，提升授课效率，改善授课效果。

学习任务：了解讯飞·智慧课堂

讯飞·智慧课堂是基于人工智能、大数据、云计算等技术，以建构主义等学习理论为指导，以促进学生核心素养发展为宗旨的智能教育平台。它通过构建"云 - 台 - 端"整体架构，创设网络化、数据化、交互化、智能化学习环境，推动学科智慧教学模式创新，实现个性化学习和因材施教 (见图 4-3)。其主要特点如下：

图 4-3　讯飞·智慧课堂架构图

(1) 高效备课。新课标同步教学资源，便捷易用的课件创作工具，让备课简单高效。

(2) 精准教学。学情数据驱动下的智慧课堂，精准实施针对性教学，助力教学提质增效。

(3) 智能评阅。AI 智能应用，辅助作业批改、语言学科评测，助力师生减负。

(4) 个性学习。教师引导下的学生自主学习，规划个性学习路径，培养自主学习能力。

(5) 智能管理。绿色设备安全管控，数据驱动智能管理，科学决策有据可依。

(6) 家校共育。系统生成专属学习周报，清晰了解学情变化，家校共育见证成长。

思政小贴士：随着信息技术的飞速发展，智慧教育正成为推动教育现代化的重要力量。科大讯飞作为智慧教育的领军企业，其产品在提升教育质量、促进教育公平等方面发挥了重要作用。同时，我们也要看到，智慧教育不仅是技术的革新，更是教育理念的提升和课程思政的深化。比如：教师利用 AI 学习机的个性化学习功能，为学生推送了关于我国人工智能发展历程和国家发展战略的相关学习资源。学生通过自主学习，了解了我国在人工智能领域的重大成就和未来发展的宏伟蓝图。在智慧课堂中，教师组织学生进行小组讨论，探讨科技发展与国家战略的对接关系。学生们积极发言，分享了自己的见解和感受。教师则引导学生深入思考科技进步对国家发展的重要性，以及作为新时代青少年应如何为国家科技进步贡献自己的力量。

教师也可以通过 AI 学习机布置一项创新性的课后作业：要求学生结合所学知识，设计一款能够体现国家发展战略的人工智能产品，并阐述其设计理念和实际应用价值。这一作业不仅锻炼了学生的创新思维和实践能力，还进一步加深了他们对科技与国家发展战略关系的理解。

任务二　探究人工智能在金融领域的应用

本任务的两个活动分别介绍了智慧金融及智慧金融风险管理的相关知识，并安排了了解嘉银金科智慧金融平台和了解瑞莱智慧 RealAI 的风险管理两个学习任务。本任务旨在使学生了解智慧金融和智慧金融风险管理的定义、智慧金融的特点、人工智能金融市场、人工智能与金融风险管理，初步了解智慧金融风险管理平台。

学习导图

```
                                                      ┌─ 智慧金融的定义
                                     ┌─ 预备知识 ──────┼─ 智慧金融的特点
                    ┌─ 活动一  初探智慧金融 ─┤             └─ 人工智能金融市场
                    │                └─ 学习任务 ────── 了解嘉银金科智慧金融平台
人工智能在金融领域 ─┤
    的应用          │                                    ┌─ 金融风险管理的定义
                    │                     ┌─ 预备知识 ──┼─ 人工智能对金融风险管理的作用
                    └─ 活动二  初探智慧 ──┤             └─ 智慧金融风险管理的作用
                       金融风险管理        └─ 学习任务 ────── 了解瑞莱智慧 RealAI 的风险管理
```

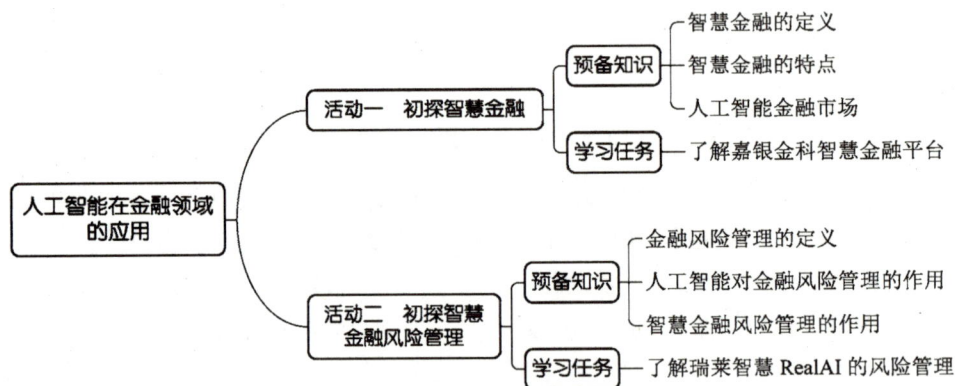

活动一　初探智慧金融

预备知识：智慧金融概述

一、智慧金融的定义

智慧金融 (AI Finance) 是依托于互联网技术，运用大数据、人工智能、云计算等金融科技手段，使金融行业在业务流程、业务开拓和客户服务等方面得到全面的智慧提升，实现金融产品、风控、获客、服务的智慧化。

二、智慧金融的特点

智慧金融通过移动互联网和在线平台，使得金融服务不再局限于传统的银行网点，助力普惠金融，让边远地区和农村居民也能享受到便捷的金融服务。金融主体之间的开放和合作，使得智慧金融具有透明性、便捷性、灵活性、即时性、高效性和安全性等特点。

(1) 透明性。智慧金融的透明性是指通过互联网等现代技术手段，实现金融信息的公开、透明和共享，从而解决传统金融信息不对称的问题。智慧金融体系围绕开放透明的网络平台展开，信息流共享，使得许多以前封闭的信息通过网络变得越来越透明。这种透明性不仅增强了金融市场的信息流动性，降低了金融风险，也有助于提高金融服务的公平性和普及性。

(2) 便捷性。智慧金融的便捷性是指通过应用互联网技术、大数据、人工智能等金融科技手段，智慧金融体系能够提供更快速、更简便、更个性化的金融服务，使得金融交易和服务更加高效、方便和智能。

(3) 灵活性。智慧金融的灵活性使得用户能够更加方便、快捷地获取金融服务，进一步提高了金融服务的竞争力和吸引力。同时，智慧金融的灵活性也使得金融机构能够更加灵活地开展业务和创新服务，提高了金融机构的竞争力和适应能力。

(4) 即时性。智慧金融的及时性是智慧金融体系的重要特点之一，它能够提高金融服务的效率和质量，使用户能够更加及时地获取金融服务，进一步提高了金融服务的竞争力和吸引力。同时，智慧金融的及时性也使得金融机构能够更加及时地开展业务和创新服务，提高了金融机构的竞争力和适应能力。

(5) 高效性。智慧金融借助互联网技术，实现业务流程的自动化和智能化，减少了人工干预和操作环节，大大提高了业务处理的效率和准确性。同时，智慧金融的高效性也使用户能够更加方便快捷地获取所需的金融服务，提高了用户体验和服务满意度。

(6) 安全性。智慧金融的安全性是智慧金融体系的重要基础和保障，它能够保护用户的资产、信息和交易安全，防范金融风险，提高金融机构的竞争力和适应能力。同时，智慧金融的安全性也使用户能够更加放心地享受智慧金融服务，提高用户体验和服务满意度。

三、人工智能金融市场

人工智能金融市场是指将人工智能技术应用于金融领域，通过机器学习、深度学习等技术，实现自动化、智能化的金融交易和管理。

在人工智能金融市场中，机器学习算法通过对大量历史市场数据的学习和分析，可以预测未来的市场走势，为投资者提供投资建议。深度学习技术则可以模拟人类大脑的深度学习过程，对数据进行更高级别的抽象和处理，从而得到更准确、更可靠的预测结果。

人工智能金融市场可以实现自动化交易、智能风控等功能，提高交易效率、降低交易成本、增加投资收益。同时，人工智能金融市场还可以实现智能化管理，通过对市场数据的分析和预测，为投资者提供更准确的市场分析和决策支持。

学习任务：了解嘉银金科智慧金融平台

嘉银金科是中国知名的金融科技集团，致力于以大数据、云计算、人工智能等技术在消费场景内连接消费者与金融机构，让每位用户都能享受到高效便捷的互联网金融信息服务，同时助力金融机构业务高速增长。嘉银金科始终坚持数据驱动战略，重点构建以大数据驱动为核心理念的云服务平台和金融风控体系，以金融科技推动企业数字化改造，以开放平台构建消费金融生态闭环。

(1) 嘉银金科创新地提出"助科技""助信贷""助贷后""助运营""助创新"五助服务 (见图 4-4)，通过大数据、人工智能、云计算等金融科技手段，致力于为传统银行向开放银行转型升级提供所需的投资端和资产端流量供应、风控建模、贷后管理、产品设计和运营服务，可覆盖银行的理财、资产、运营、贷后、创新等各个业务体系，协助银行提升获客效率、改善风控效果、精细化产品设计、优化成本结构、提升多方业务协同，为传统金融机构提供全流程解决方案。

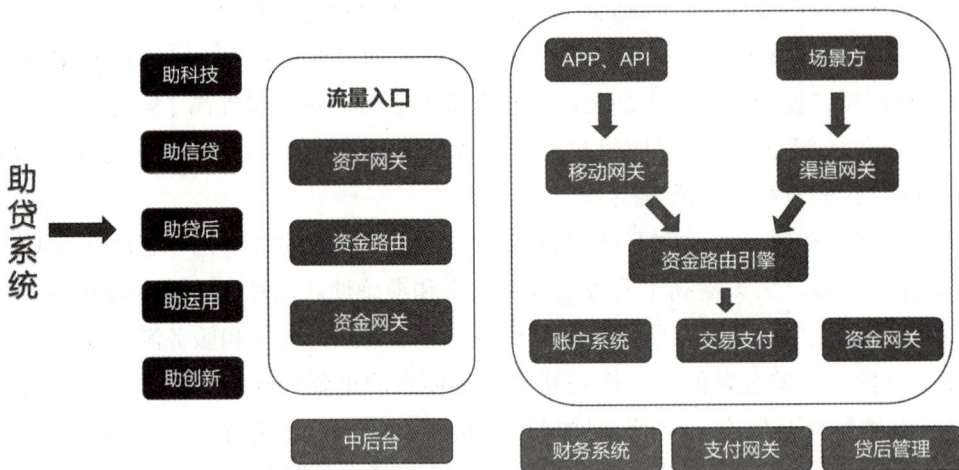

图 4-4　嘉银金科"五助"服务体系

(2) "天引"作为智能机构资金管理平台，为来自各类型金融机构的资金提供通用管理能力，在适应各种资金规则的情况下，引导资金与市场中的各类资产匹配对接。"天引"如同拥有超能的引导者，标准化对接的资金方接入"天引"平台后，会被高效指引，实现实时高效的路由选择和配对。"天引"平台可同时可以运作多达数十个资金管理项目，100% 实现全线上项目管理流程。

(3) "嫦娥奔月"是家喻户晓的中国神话传说故事，"嫦娥"成为温柔、聪慧与美好的象征。嘉银金科智能语音机器人"嫦娥"的命名灵感正是来源于此。嘉银金科 AI 技术团队自主研发的"嫦娥"智能语音机器人拥有甜美的声音、温和沉稳的性格和永葆学习热情的大脑，具备优秀的客服能力、抗压能力和学习能力，能够基于智能语音、自然语言技术，提供批量自动外呼服务。通过灵活配置对话流程、话术，机器人会根据用户回复进行智能对话，识别和记录客户意愿，筛选有价值的客户，提高外呼工作的效率与产出，为客户带来良好的服务体验，助力企业提升运营效率。嘉银金科"嫦娥"智能语音机器人呼叫平台如图 4-5 所示。

(4) 嘉银金科"大禹"数据资产管理平台 (见图 4-6) 通过一站式数据治理和运营，提供数据规范设计、数据建模、数据质量监控、数据安全、数据资产查询等服务，保障数据被业务广泛、准确、高效、创新使用，推动数字化升级，赋能企业高效运营。

图 4-5 嘉银金科"嫦娥"智能语音机器人呼叫平台

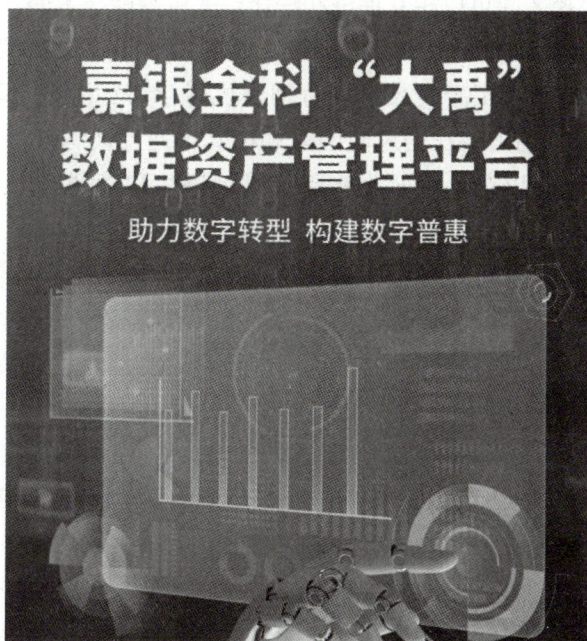

图 4-6 嘉银金科"大禹"数据资产管理平台

(5) 嘉银金科建立了以数据和技术为双轮驱动的智能风控系统"明鉴"，精修智能反欺诈、准入风险规则集、AI 建模、复杂网络四项功能，为金融科技全流程业务保驾护航，保障合作金融机构的资金安全。

嘉银金科"大禹"数据资产管理平台凭借强大的大数据管理能力和技术创新实力，科学"治理"数据，通过定义、盘点、规划无序的数据类资源，提供全局统一的数据资产门户，构建主题明确、服务完善、权责清晰的数据资产管理体系，充分释放数据要素在业务中的价值；构建覆盖数据"采、建、管、用"全链路的数据治理闭环体系，对数据全生命周期进行一站式治理和运营，将数据资源变成数据资产，实现数据价值最大化。

活动二　初探智慧金融风险管理

预备知识：智慧金融风险管理概述

一、金融风险管理的定义

金融风险管理是指金融机构或企业在经营过程中，对各种可能出现的风险进行识别、评估、控制和监测，达到保障资产安全、维护经济稳定、提高经营效益的目的。金融风险管理是金融机构或企业的重要管理职能之一，也是金融市场稳定和健康发展的重要保障。

二、人工智能对金融风险管理的作用

人工智能与金融风控之间可以相互促进和深化。人工智能技术的发展为金融风险管理带来了革命性的变化，而日常金融风控的需求又推动了人工智能技术在金融领域的应用和创新。

(1) 风险识别与评估。人工智能技术，特别是机器学习和深度学习算法，能够处理和分析大量的金融数据，识别出潜在的风险因素和模式。通过训练模型识别历史数据中的异常行为和风险事件，AI 可以帮助金融机构更准确地评估和管理信用风险、市场风险和操作风险。

(2) 欺诈检测与防范。金融欺诈是金融机构面临的一大挑战。AI 系统能够实时监控交易行为，通过分析用户的历史交易模式和行为特征，快速识别出欺诈行为。例如，AI 系统可以识别出信用卡欺诈、保险欺诈和贷款欺诈等，从而及时采取措施，减少损失。

(3) 客户信用评分。传统的信用评分模型依赖于有限的财务数据和信用历史。AI 技术可以利用更广泛的数据源，包括社交媒体行为、在线购物习惯等非传统数据，来构建更为全面的信用评分模型。这有助于金融机构更好地理解客户的信用状况，做出更精准的贷款决策。

(4) 投资策略优化。AI 技术在量化投资领域的应用越来越广泛。通过机器学习算法，AI 可以分析市场趋势、宏观经济数据和公司财务报告，为投资者提供基于数据驱动的投资建议。此外，AI 还可以帮助投资者管理风险，通过自动化的资产配置和风险对冲策略，优化投资组合。

(5) 提高效率与降低成本。AI 技术通过自动化和优化风险管理流程，可以显著提高金融机构的工作效率，降低人力成本。例如，AI 可以自动执行风险评估、报告生成和欺诈检测等任务，释放人力资源得以从事更高价值的工作。

三、智慧金融风险管理的作用

随着科技的发展，尤其是人工智能、大数据、云计算等技术的应用，智慧金融风险管理已经成为金融行业的重要组成部分。智慧金融风险管理指的是运用现代信息技术，对金融风险进行识别、评估、监控和控制的过程，旨在提高金融机构风险管理的效率和效果，保障金融市场的稳定运行。

智慧金融风险管理可以进行合规管理、欺诈分析、风险控制、信贷风险评估等。

1. 合规管理

智慧金融合规管理针对金融机构及相关监管机构，通过利用大模型、大数据、知识图谱等人工智能技术，提供合规场景下的知识库、标签与图谱、外规内化、合规问答、合规初审、合规指引生成等功能模块在内的数字化综合合规风险监管产品，为合规内控场景提供知识管理和数据支撑，实现合规要求的"信息化"向"工具化"转型，服务于金融行业监管和金融机构的合规管理工作，利用科技方案提升合规工作效能。

2. 欺诈分析

智慧金融欺诈分析使用一个跨国数据库对信用卡和移动支付交易进行实时欺诈分析。每次刷卡或插卡，或者手机被点击或扫描，使用机器学习技术提示授权或拒绝信息。系统可以根据历史欺诈数据的信息来识别各种欺诈行为，依靠一个大数据系统接收从行业数据库导出的信息，然后将模型作为存储过程或用户定义的函数每天多次加载到数据库中。

不断更新机器学习欺诈模式对提高决策的质量和错误的积极率是至关重要的。机器学习的一个重要区别是注重预防和检测。欺诈防范让银行信息主动捕捉欺诈流而不是事后弥补，能帮助银行提高的客户满意度分数 (CSAT) 和降低金融风险。拥有在欺诈发生前阻止它的能力，不仅可以为金融机构节省成本，还可以通过降低风险出现的概率，帮助保持较高的品牌价值。

3. 风险控制

智慧金融数字化风控结合金融机构业务场景，充分借助数据分析、机器学习、知识图谱等技术手段，助力金融机构快速构建新型的自适应可量化领先智能反欺诈体系。智能风控体系能够实现贷前风险甄别、贷中风险监控和贷后风险预警的全流程生命周期风控。

4. 信贷风险评估

智慧金融信贷风险评估通过分析借款人的个人信息、信用记录和财务状况等数据，评估借款人的信用风险，并及时发现和提示信贷违约风险。

学习任务：了解瑞莱智慧 RealAI 的风险管理

瑞莱智慧 RealAI 基于数据和算法安全技术的"金融智慧大脑应用场景"，通过融合隐私保护计算和算法模型安全评估形成整体技术方案，入选国家工业信息安全发展研究中心发布 2022 年度数据要素典型应用场景优秀案例，它是名单中唯一聚焦金融科技安全方向的解决方案，具有重要的意义。

(1) 瑞莱智慧 RealAI 提供人脸识别系统安全防护，针对银行、保险、证券等金融机构人脸识别应用所面临的新型安全挑战，如深度伪造、表情操纵、对抗样本、破解注入等，RealAI 依托第三代人工智能攻防对抗技术，提供全景式人脸识别系统防护方案，以及针对人脸识别系统的攻击风险检测服务、安全防御加固、安全态势监测和模型算法量化测评，使金融客户具备事前、事中、事后的全链路人脸安全防御能力。

(2) 瑞莱智慧 RealAI 以隐私保护计算平台为数据安全共享的基础设施，用模型和数据驱动用户洞察和智能决策，提供端到端的精准数字化营销解决方案，最大限度地降低获客成本，提升运营效率。

(3) 瑞莱智慧 RealAI 利用多方安全计算、联邦学习、可信执行环境等隐私保护计算技术打造数据安全共享的基础设施，提供"数据＋平台＋服务＋场景"一体化解决方案，可解决数据要素交易中的数据安全问题，激发数据要素潜在价值，进而推动新型业务模式的涌现，实现全产业链的协作共赢。

(4) 瑞莱智慧 RealAI 依托自主研发的平台与算法能力，深挖数据价值，沉淀业务能力，旨在提供可贯穿贷前申请、贷中监控、贷后管理全生命周期的一站式全流程服务综合信贷解决方案，从而解决各类金融机构在不同业务场景下对风控的多样化需求。信贷风控方案架构如图 4-7 所示。

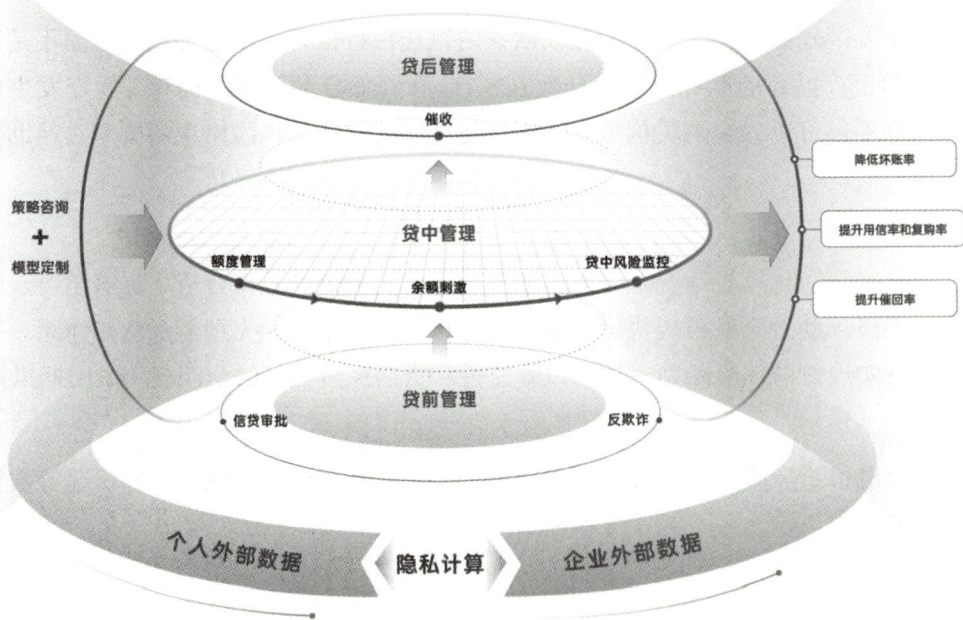

图 4-7　信贷风控方案架构图

(5) 瑞莱智慧 RealAI 的"金融智慧大脑"整体解决方案，在数据安全业务方面，基于隐私保护计算平台 RealSecure，能够使不同来源、不同类别且归属于不同持有方的数据，在安全、合规、高效的前提下，实现多方共享和联合使用，打通数据链路，更好地辅助智慧大脑进行决策分析。

在算法安全业务方面，通过全球领先的人工智能安全平台 RealSafe，从算法和模型层面提供安全检测、业务场景渗透测试、防火墙加固等系统性的安全服务，防范新型安全威胁，让感知模块更加安全可靠。

思政小贴士：金融科技作为人工智能与金融结合的产物，在带来便利和效率的同时，也必须遵循道德边界和社会责任。例如，在利用人工智能进行客户数据分析和挖掘时，必须尊重客户隐私，遵守相关法律法规，不得滥用或泄露客户信息。同时，金融机构在利用人工智能技术进行风险评估和决策时，应确保算法的公平性和透明性，避免产生歧视性结果。

人工智能在金融领域的应用涉及大量的资金流动和信息安全问题，包括数据安全、系统安全和交易安全等方面。通过本章节的学习，了解金融领域中的安全风险和防范措施，防止身份盗窃和欺诈的案例，以及如何利用人工智能技术进行风险识别和防范。

任务三　探究人工智能在家居领域的应用

本任务的四个活动分别介绍了智能照明、智能安防、智能家居环境监测、智能家居能源管控的应用，并安排了了解华为智能家居智能照明系统、了解华为智能安防系统、了解海尔智慧家庭全屋空气解决方案、了解华为智能家居能源管控系统四个学习任务。本任务旨在使学生了解智能照明、智能安防系统、智能家居环境监测、智能家居能源管控的定义、组成、功能和应用场景，并形成对智能家居的初步认知。

学习导图

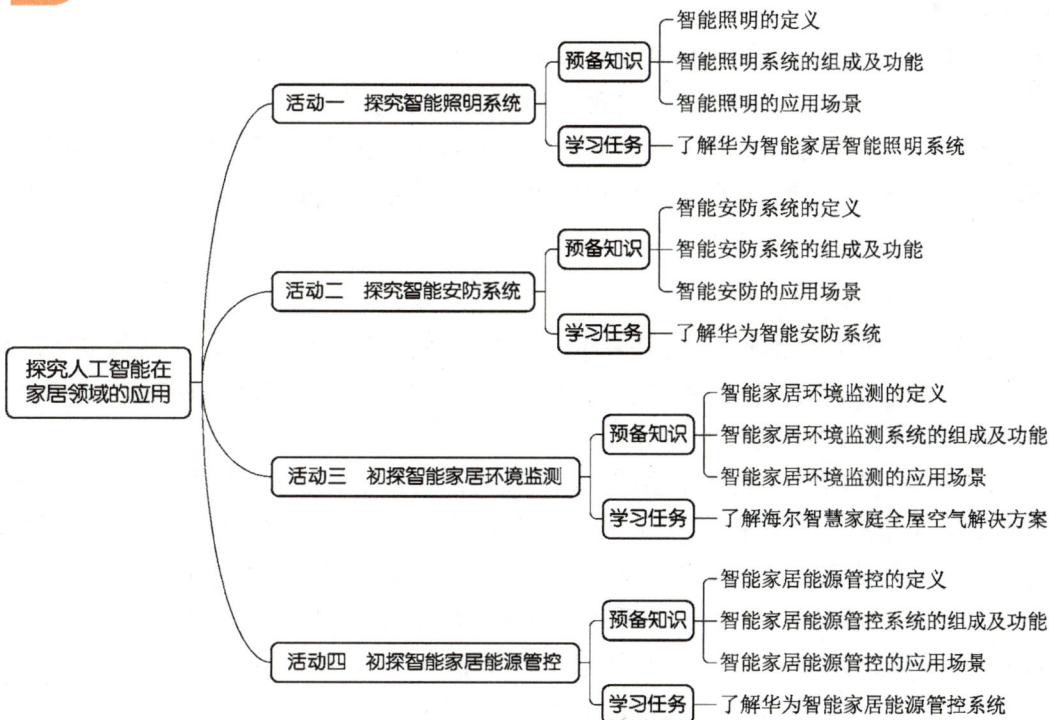

活动一　初探智能照明系统

预备知识：智能照明系统概述

一、智能照明的定义

智能照明系统是指通过集成人工智能、物联网、传感器和现代控制技术，对家居、办公室和其他空间的照明系统进行智能化管理和控制的照明方式。它可以实现光线的自动调节，为用户提供舒适的光环境，并根据不同的场景和需求进行个性化的照明设置，从而达到节能、便捷和舒适的效果。

二、智能照明系统的组成及功能

智能家居智能照明系统由智能照明灯、传感器、数据传输设备、控制中心等组成部分协同工作，共同实现家庭照明的智能化管理。

(1) 智能照明灯具是系统的核心设备，它们能够接收并执行来自控制中心的指令，调节自身的亮度、色温等参数。这些灯具通常具有高效节能的特性，并且可以通过不同的设计满足不同的照明需求。

(2) 传感器用于实时监测环境中的光线强度、人体活动等信息。例如，光线传感器可以感知室内光线的强弱，从而自动调节灯具的亮度；人体活动传感器则可以检测到人的移动，从而触发灯具的开启或关闭。

(3) 数据传输设备负责将传感器收集的数据传输到控制中心。这些设备通常采用无线通信技术，如 Wi-Fi、Zigbee 等，确保数据的实时性和准确性。

(4) 控制中心是智能照明系统的"大脑"，它接收来自传感器的数据，并根据预设的规则或用户的指令来管理照明灯具。控制中心可以是一个独立的设备，也可以集成在智能家居系统中。

三、智能照明的应用场景

智能照明系统的应用场景广泛且多样，涵盖了家庭、办公室、商场、酒店等多个领域。这些应用场景充分展现了人工智能技术的智能化、人性化以及节能减排的特点，极大地满足了不同场景下的照明需求。

(1) 在家庭环境中，智能照明系统可以实现对照明设备的远程控制和定时开关，从而节省能源并提高生活便利性。比如，当用户离家时，可以通过手机 APP 远程关闭家中所有灯光；当用户回家时，系统又能自动开启灯光，营造温馨舒适的家居氛围。

(2) 在办公室场景中，智能照明系统可以根据员工的工作时间和需求，自动调整办公区域的照明环境。例如，在员工工作繁忙时，系统可以自动调高灯光亮度，保证充足的光线；在员工休息或离开时，系统又能自动调低灯光亮度或关闭灯光，节省能源。

(3) 在商场中，智能照明系统通过感应器和控制器，可以实现商场内部照明的智能控制，营造舒适的购物氛围。

(4) 在酒店中，智能照明系统可以为客人提供个性化的照明方案，提升酒店的档次和服务水平。例如，根据酒店不同区域的功能需求，系统可以自动调节灯光亮度和色温，为客人提供最佳的照明体验。

(5) 在博物馆、图书馆等公共场所中，智能照明系统通过优化照明环境，提高参观和学习体验，使人们在享受舒适照明的同时，也能更好地欣赏展品或阅读书籍。

总的来说，人工智能在智能照明领域的应用具有广泛的前景和潜力。随着技术的不断进步和普及，相信未来会有更多创新性的应用场景出现，为人们带来更加便捷、舒适和节能的照明体验。

学习任务：了解华为智能家居智能照明系统

华为的智能家居 (见图 4-8) 智能照明是其智能家居生态系统的重要组成部分。这个体系基于华为自主研发的鸿蒙操作系统，采用了先进的人工智能技术和物联网技术，实现了各种设备和应用之间的智能互联。

图 4-8　华为智能家居

在智能照明方面，华为的智能照明系统 (见图 4-9) 可以根据环境光线和用户活动，自动调节灯光的亮度和色温，确保室内光线适宜。同时，系统还提供了多种预设场景模式，如阅读、聚会、休息等，用户只需一键切换，即可轻松切换照明氛围。此外，通过学习用户的照明习惯，系统能够智能调节灯光的亮度和色温，达到节能效果。用户还可以根据自己的喜好和需求，自定义灯光的亮度和色温，打造属于自己的个性化照明环境。

华为智能照明系统的功能如下：

(1) 自动化与个性化调节。通过深度学习算法，智能照明系统可以学习用户的照明习惯，自动调节灯光的亮度和色温，以满足用户的个性化需求。例如，系统可以根据用户的作息时间，自动调整卧室灯光的亮度和色温，提供舒适的睡眠环境。

图 4-9 华为智能照明系统

(2) 节能管理。过实时监测室内光线和用户活动，智能照明系统可以自动调节灯光的亮度和色温，以节省能源。同时，系统还可以根据用户的照明需求和室内光线情况，自动调整灯具的开关时间，进一步实现节能。

(3) 健康照明。智能照明系统还可以根据室内光线和用户活动，自动调节灯光的亮度和色温，提供有益于用户健康的照明环境。例如，系统可以根据用户的年龄、性别、工作类型等因素，自动调整办公室的照明方案，以减轻眼睛疲劳和提高工作效率。

(4) 华为全屋智能灯光驱动器。智能无极调光可支持连续调节亮度，提供平滑的光线变化，满足各种照明需求；通过 PLC(电力线通信) 技术，实现稳定可靠的连接，确保照明设备的稳定运行；通过 IEEE 官方认证，确保灯光无频闪，减少对眼睛的刺激，提供舒适的照明环境；设计简约小巧，安装简易便捷，方便用户快速安装和使用。

活动二　初探智能安防系统

预备知识：智能安防系统概述

一、智能安防系统的定义

智能安防系统通过视频监控、门禁控制、报警系统等子系统，实现对建筑物或特定区域的安全监控和保护。这些子系统可以相互连接，共同构成一个完整的安全管理系统，为用户提供更加安全的生活和工作环境。

二、智能安防系统的组成及功能

智能安防系统由传感器与探测器、数据传输设备、控制中心、执行机构、用户界面等组件构成，旨在提供全方位的家庭安全保障。

(1) 智能安防系统的传感器与探测器种类繁多，包括但不限于门窗传感器、烟雾探测器、入侵探测器 (如红外传感器、摄像头等)、水浸探测器等。这些设备能够实时监测家庭环境中的异常情况，如门窗的开关状态、烟雾或火警的发生、非法入侵者的活动等。

(2) 数据传输设备负责将传感器与探测器收集到的数据实时传输到控制中心或用户的移动设备上。这些设备通常采用无线通信技术，确保数据的快速、准确传输。

(3) 控制中心是智能安防系统的核心，它接收来自传感器与探测器的数据，并根据预设的规则或用户的指令进行处理。控制中心可以是一个独立的设备，也可以集成在智能家居系统中。

(4) 执行机构根据控制中心的指令执行相应的动作，如自动关闭门窗、启动警报器等。报警设备则用于发生异常情况时发出警报，以提醒用户或邻居注意。

(5) 用户界面包括手机 APP、触摸屏或其他智能设备，用户可以通过这些界面实时查看家庭安全状况、接收报警信息，并远程控制安防设备。

三、智能安防的应用场景

智能安防的应用场景十分广泛，涵盖了家庭、社区、办公等多个场景。

(1) 在家庭生活中，智能安防系统通过安装智能门锁、高清摄像头、门窗传感器、烟雾探测器等设备，实现对家庭安全的实时监控和防护。用户可以通过手机 APP 随时查看家中的实时画面，接收异常事件的提醒，并进行远程控制。例如，当有人非法入侵时，系统会立即触发警报并通知用户；当发生火灾或燃气泄漏等危险情况时，系统会自动启动应急措施并报警。

(2) 在社区和公寓等住宅集中区域，智能安防系统可以实现对整个区域的集中监控和管理。通过安装智能摄像头、人脸识别系统、车辆识别系统等设备，系统可以实时记录并识别进出人员和车辆，确保社区的安全和秩序。同时，系统还可以与物业管理中心进行联动，实现信息的共享和快速响应。

(3) 在办公区域，智能安防系统可以为企业提供安全可靠的办公环境。通过安装门禁系统、视频监控系统、入侵报警系统等设备，系统可以实现对办公区域的全面监控和防护。这不仅可以防止非法入侵和盗窃事件的发生，还可以提高员工的工作效率和安全感。

此外，智能安防系统还可以与智能家居的其他系统进行联动，实现更加智能化的安全防护。例如，当系统检测到室内有烟雾或火焰时，可以自动关闭燃气阀门并打开门窗进行通风；当系统识别到家庭成员离家时，可以自动启动布防模式并关闭不必要的电器设备。

学习任务：了解华为智能安防系统

华为的智能安防系统 (见图 4-10) 主要包括指纹锁、监控摄像头、门磁、报警传感设备等。通过安装智能摄像头和传感器，用户可以随时随地通过手机或平板电脑监控家中的情况。系统可以实时检测并报警，对于家庭安全提供了有效的保障。此外，该系统还支持人脸识别技术，可以识别家庭成员和访客，提供更加智能和便捷的出入管理。

在智能安防系统中，智能摄像头是不可或缺的一部分。华为的智能摄像头采用了先进的人工智能技术，具备智能识别功能。当摄像头检测到异常情况时，如有人闯入或发生火灾等，系统会立即发出警报，并通过手机应用程序向用户发送警报信息。此外，摄像头还可以与智能门锁、智能烟雾报警器等设备联动，实现全方位的安全防护。

图 4-10　华为智能安防系统

华为智能安防系统的功能如下：

(1) 智能门锁与监控。通过人脸识别、指纹识别等技术，智能门锁可以确保只有授权人员才能进入家中。同时，智能摄像头可以实时监控家中的情况，提供 24 小时的安全保障。当有异常情况发生时，系统可以立即发出警报，并通过手机应用程序向用户发送警报信息。

(2) 智能烟雾报警器与报警系统。智能烟雾报警器可以实时监测家中的烟雾浓度，一旦发现火灾隐患，立即发出警报。

(3) 智能联动。通过物联网技术，智能安防系统可以与智能家居中的其他设备联动。例如，当智能门锁检测到异常情况时，智能摄像头可以自动旋转并锁定目标区域；当智能烟雾报警器检测到火灾时，智能喷淋系统可以自动启动灭火。

活动三　初探智能家居环境监测

预备知识：智能家居环境监测概述

一、智能家居环境监测的定义

智能家居环境监测是一种通过智能化技术，对家庭环境中的温度、湿度、空气质量、光线、噪声等参数进行实时监测和调节的系统。它可以帮助用户了解家庭环境状况，提供舒适的居住环境，并提高生活质量。

二、智能家居环境监测系统的组成及功能

智能家居环境监测系统由传感器、数据传输设备、控制中心、执行机构组成，系统各部分的功能如下：

(1) 传感器用于监测家庭环境中的各项参数，如温度、湿度、空气质量、光线、噪声等。

(2) 数据传输设备将传感器采集的数据传输到控制中心或手机应用程序中，以便用户随时查看和控制。

(3) 控制中心负责接收传感器数据，并根据预设的规则对家庭环境进行调节。

(4) 执行机构根据控制中心的指令，执行相应的动作，如打开空调、调节灯光亮度等。

三、智能家居环境监测的应用场景

智能家居环境监测的应用场景非常广泛，它可以在多个领域中发挥重要作用，确保家庭环境的舒适、安全和健康。

(1) 在家庭生活中，智能家居环境监测系统可以通过温湿度传感器、空气质量监测器等设备，实时监测室内的温度、湿度、PM2.5浓度等环境参数。当这些参数超出设定的舒适范围时，系统可以自动调整家居设备，如空调、加湿器、空气净化器等，以保持室内环境的舒适和健康。此外，系统还可以提供健康建议，帮助家庭成员更好地管理生活习惯和健康状况。智能家居环境监测系统还可以与其他智能家居设备进行联动，实现更加智能化的控制和管理。例如，当系统检测到室内光线不足时，可以自动开启照明设备；当系统识别到家庭成员离家时，可以自动关闭不必要的电器设备以节约能源。

(2) 在办公环境中，智能家居环境监测系统通过智能环境监测设备，可以实时监测办公环境的质量，并根据实际情况自动调整空调、通风系统等设备，确保员工在舒适的环境中工作。这不仅可以提高员工的工作满意度和效率，还可以减少因环境不适导致的健康问题。

(3) 在商业建筑中，智能家居环境监测系统可以监测空气质量、温湿度等参数，并根据需要调整空调系统或开启新风系统，以提供舒适的购物或工作环境。

(4) 在学校和医院中，智能家居环境监测系统可以实时监测室内环境，确保学生和病人的健康和安全。

学习任务：了解海尔智慧家庭全屋空气解决方案

海尔智慧家庭全屋空气解决方案(见图4-11)是一款全方位的家居空气管理方案，基于人体舒适度重塑理论，由海尔公司与多家权威机构合作开发。该方案以海尔全屋空气管理为核心，旨在为家庭提供健康、舒适、智能的室内空气环境。

图 4-11　海尔智慧家庭全屋空气解决方案

　　海尔智慧家庭全屋空气解决方案包括多种设备，如空气净化器、加湿器、除湿器、新风机等，以及智能控制设备。这些设备可以通过海尔智能家居平台进行统一管理和控制，用户可以通过手机 APP 或语音助手随时了解室内空气质量、调整设备工作模式等。

　　海尔智慧家庭全屋空气解决方案的独特之处在于其全方位的空气管理功能和智能化的控制方式。它可以检测室内空气质量，自动调整设备工作状态，保证室内空气的清新和舒适；同时，它还可以根据用户的需求和生活习惯，智能调节室内温度、湿度、光线等参数，创造最适合用户的居住环境。

　　该方案适用于各种家庭和居住环境，尤其适合有儿童、老人、哮喘等敏感人群的家庭。通过海尔全屋空气解决方案，用户可以享受到健康、舒适、智能的家居环境，提升生活品质。

　　海尔智慧家庭应用场景如图 4-12 所示。

图 4-12　海尔智慧家庭应用场景

活动四 初探智能家居能源管控

预备知识：智能家居能源管控概述

一、智能家居能源管控的定义

智能家居智能能源管控是指通过智能化技术，对家庭内的各种能源设备进行精准的控制和管理，以实现节能、环保和成本节约的目的。

二、智能家居能源管控系统的组成及功能

智能家居能源管控系统由能源监测设备、智能控制设备、数据传输设备和控制中心组成。

(1) 能源监测设备用于监测家庭内的各种能源设备的运行状态和能源消耗情况，如电表、水表、燃气表等。

(2) 智能控制设备根据预设的规则和用户的需求，对家庭内的各种能源设备进行智能控制，如智能插座、智能开关、智能家电等。

(3) 数据传输设备将能源监测设备和智能控制设备的数据传输到控制中心或手机应用程序中，以便用户随时查看和控制。

(4) 控制中心负责接收能源监测设备和智能控制设备的数据，并根据预设的规则对家庭内的各种能源设备进行调节和管理。

三、智能家居能源管控的应用场景

智能家居能源管控的应用场景广泛且多样，涵盖了从家庭到企业、再到公共服务和行业应用等多个领域。

(1) 在家庭中，智能家居能源管控系统可以自动监测和管理各种家电设备的能源消耗，如空调、照明设备等。例如，智能电表可以实时计量家庭电力消耗，而智能空调则可以根据室内温度自动调节，既保证舒适度又节约能源。此外，智能照明系统可以根据室内光照强度自动调节灯光亮度，实现节能效果。

(2) 在办公环境中，智能家居能源管控系统也有着重要的应用。它可以通过控制和管理照明、空调等设备，提高工作效率，节约能源成本。例如，系统可以根据室内人员数量和活动情况，自动调节灯光亮度和空调温度，打造舒适且节能的办公环境。

(3) 在工厂、酒店和商场等环境中，智能家居能源管控系统可以监测各种设备的运转状况，提供优化方案，以实现节能减排的目标。这不仅有助于降低企业的运营成本，还符合当前绿色、环保的社会发展趋势。

(4) 在公共服务领域，智能充电站可以根据车辆类型和充电需求，自动调节充电电流和电压，实现能源的高效利用。智能垃圾分类系统则可以通过识别垃圾种类和分类，提高垃圾回收利用率，减少环境污染。

(5) 在行业应用中，智能家居能源管控系统也发挥着重要作用。例如，在智能制造领域，系统可以优化生产线的能源使用，提高生产效率；在智能交通领域，系统可以实时监测路况和交通设备状态，优化交通流量，减少能源浪费。

学习任务：了解华为智能家居能源管控系统

华为智能能源管控系统是一种人机协同的能源管理解决方案，旨在通过智能化手段提高能源利用效率和管理水平。该系统通过智能设备、传感器和数据分析等技术手段，将能源的供给和需求进行智能化匹配和管理，从而减少能源浪费、优化能源使用。

在人机协同工作中，华为智能能源管控系统与专业能源管理团队共同协作，完成能源管理任务。专业能源管理团队负责制定能源管理策略和方案，并对系统进行监控和调整；而华为智能能源管控系统则负责执行具体的能源管理任务，如智能调节空调温度、智能控制灯光亮度等。

在协同工作中，华为智能能源管控系统通过实时数据采集和反馈，与专业能源管理团队进行实时的沟通和协作。系统可以根据数据分析结果，向专业团队提供能源使用情况和优化建议，帮助团队制订更加合理的能源管理方案。同时，系统也可以根据团队的需求和指令，进行精准的控制和调节，确保能源的高效利用和管理。

华为智能能源管控系统的优势在于其智能化、高效化和精准化的特点。通过智能化手段，系统可以自动调节能源使用情况，减少人工干预和误差；同时，系统还可以通过数据分析进行优化和改进，提高能源利用效率和管理水平。这种人机协同的能源管理方式，可以帮助企业实现节能减排、降低成本和提高竞争力的目标。

华为智慧家庭用电信息、华为智慧家庭用水信息如图 4-13、图 4-14 所示。

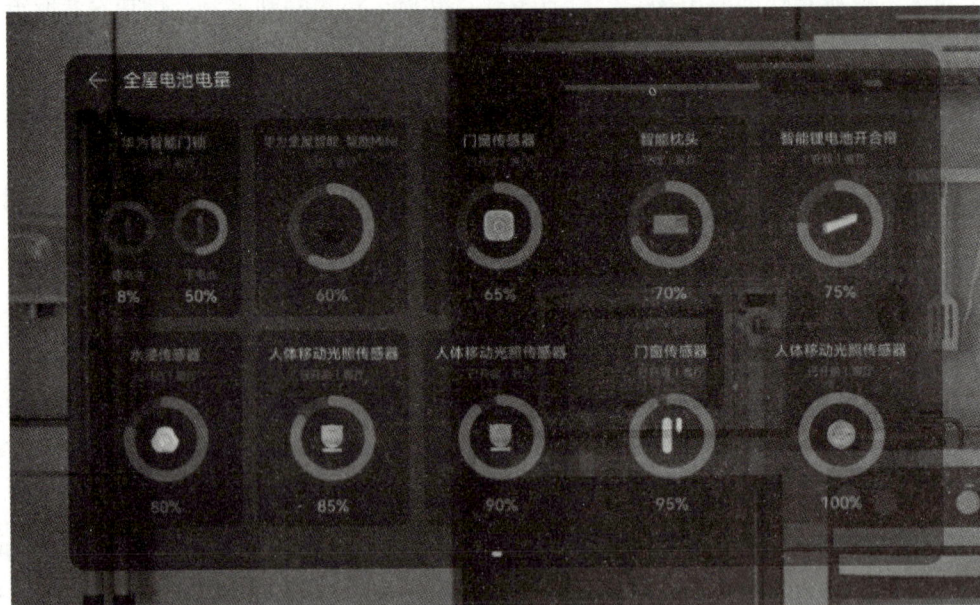

图 4-13　华为智慧家庭用电信息

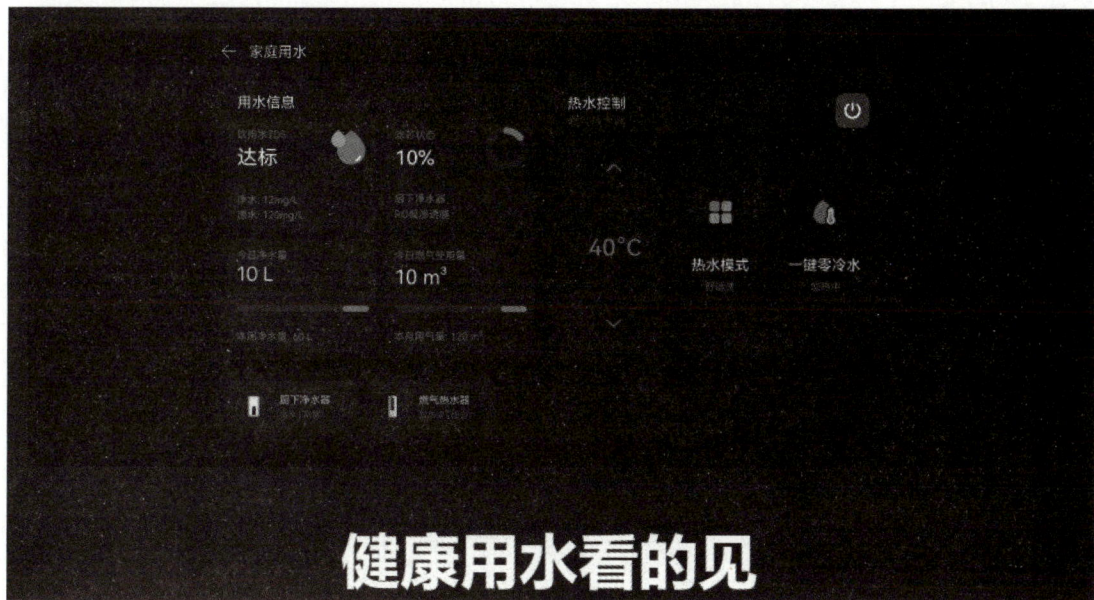

图 4-14　华为智慧家庭用水信息

> **思政小贴士：** 智能家居技术的出现，旨在提升人们的居住体验，使生活更加便捷、舒适和安全。通过智能家居系统，可以实现对家居设备的智能化控制，提高生活品质。这体现了科技发展的最终目的是服务于人民，满足人民日益增长的美好生活需要。
>
> 智能家居技术的应用不仅体现在物理设备的智能化上，更体现在对家庭和谐与人文关怀的促进上。例如，智能照明系统可以根据家庭成员的作息习惯自动调节光线，为家人营造舒适的居住环境；智能安防系统可以实时监测家庭安全状况，保护家人的生命财产安全。

任务四　探究人工智能在交通领域的应用

本任务的两个活动分别介绍了智慧交通管理和智慧交通安全监测的相关知识，并安排了了解百度智能交通信号控制平台和了解小米自动驾驶两个学习任务。本任务旨在使学生了解交通行业发展的现状、智慧交通与智能交通系统，以及智慧交通和交通安全预测的应用场景。

学习导图

交通行业发展的现状

预备知识 —— 智慧交通与智能交通系统

智慧交通管理

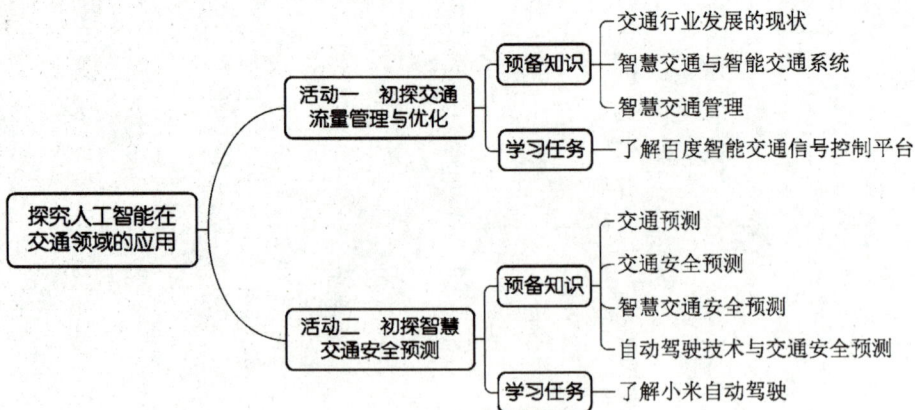

活动一 初探交通流量管理与优化

学习任务 —— 了解百度智能交通信号控制平台

探究人工智能在交通领域的应用

交通预测

交通安全预测

预备知识 —— 智慧交通安全预测

活动二 初探智慧交通安全预测

自动驾驶技术与交通安全预测

学习任务 —— 了解小米自动驾驶

活动一　初探交通流量管理与优化

预备知识：智慧交通概述

一、交通行业发展的现状

随着经济和社会的迅速发展，城市规模不断扩大，城市化进程不断加快，城市人口迅速增长。随着居民生活水平的不断提高，机动车拥有量迅速增长，交通需求极大增加，原有的交通供需平衡被打破，而城市的基础设施、交通管理设施和管理能力的提高跟不上交通需求的发展速度。

现今大多数城市原有基础交通设施的缺陷和弊端不断暴露，交通管理的科技水平显得越发不足，交通管理的手段措施尚处于摸索阶段，如何解决城市交通拥挤问题已经成为城市可持续发展的一个重要课题。城市道路交通管理工作面临着严峻的挑战，因此需要将先进的信息技术融入交通运输管理的全过程，全面提升整个行业的信息化水平。国家政策牵引交通运输向数字化、网络化、智能化、一体化融合转变发展，因而智慧交通与智能交通系统应运而生。

二、智慧交通与智能交通系统

1. 智慧交通

智慧交通的前身是智能交通，是在智能交通的基础上，融入了物联网、云计算、大数据、移动互联等高新 IT 技术，通过高新技术汇集交通信息，提供实时交通数据下的交通信息服务。

2. 智能交通系统

智能交通系统 (ITS) 又称智能运输系统，是将先进的科学技术 (信息技术、计算机技术、数据通信技术、传感器技术、电子控制技术、自动控制理论、运筹学、人工智能等)有效地综合运用于交通运输、服务控制和车辆制造，加强车辆、道路、使用者三者之间的联系，从而形成一种保障安全、提高效率、改善环境、节约能源的综合运输系统。

智能交通系统是智慧交通建立的前提和基础，智慧交通则是在智慧交通的基础上，实现进一步扩展和深化，融入了更多的先进科学技术和智能化手段，二者共同作用，实现了交通行业的全面智能化、可持续化发展。

三、智慧交通管理

智慧交通管理将人工智能技术应用在交通流量管理与优化中，以提高道路、交通系统的效率、安全性和环境可持续性。

(1) 城市交通流量管理。城市交通流量管理是最常见的应用场景之一。它包括信号灯控制、路口优化、拥堵监测和管理，以确保城市中的车辆能够顺畅流动，减少拥堵和交通事故。

(2) 智能交通信号灯控制。通过使用传感器和数据分析来调整交通信号灯的时序，根据实际交通情况来管理交通流量。这可以减少等待时间和燃料消耗。

(3) 公共交通优化。通过实时监测和调整公交车、地铁和火车的时刻表，以适应旅客需求，减少拥堵和提高公共交通系统的效率。

(4) 智能停车调度。通过使用传感器和应用程序来引导车辆找到可用停车位，减少寻找停车位的时间，从而改善城市的停车情况。

(5) 智能导航和交通预测。导航应用和交通预测平台利用实时数据和历史交通信息，帮助驾驶者选择最佳路线，以避开拥堵和优化行程时间。

(6) 交通事故预防。通过使用智能交通监控摄像头和传感器来检测交通事故的迹象，并向相关部门发送警报，以减少事故发生和提高交通安全性。

(7) 道路维护和修复。通过数据分析和监测来确定道路状况，帮助城市规划维护和修复计划，减少交通干扰和提高道路质量。

思政小贴士：随着我国城市化进程的不断加快和交通需求的持续增长，智能交通信号控制平台作为促进城市交通效率、改善出行环境的重要手段，受到了国家政府的高度重视。国家制定了一系列政策和发展战略，推动了智能交通产业的发展，其中智能信号控制技术是智慧交通的核心技术之一。智能交通信号控制技术的发展离不开科技创新，这启示同学们要关注科技前沿，培养自己的创新意识和科技能力；要关注智慧城市建设的发展趋势，学习新技术、新方法，为未来智慧城市建设做好准备，积极参与社会发展。

学习任务：了解百度智能交通信号控制平台

智能交通信号控制是指利用先进的技术和方法来优化交通信号系统，以实现提高交通效率、减少拥堵、降低排放等目的。

百度与海康威视致力于打造交通信号优化解决方案，以下案例搭载百度信号控制平台与海康威视交通信号控制平台，深度优化交通信号控制以起到缓解交通拥堵、提高交通通行效率的作用。

1. 百度信号控制平台

百度信号控制平台控依托自身数据、技术和产品优势，以缓堵保畅和品质出行为使命，致力于打造时空一体化的交通优化解决方案。其中百度信号优化平台 (见图 4-15) 是百度信号控制平台的一个主要优化方案，基于百度 AI 能力全局掌控交通信控，通过动态绿波通行、可变车道等系统，可针对性地解决路口交通问题。

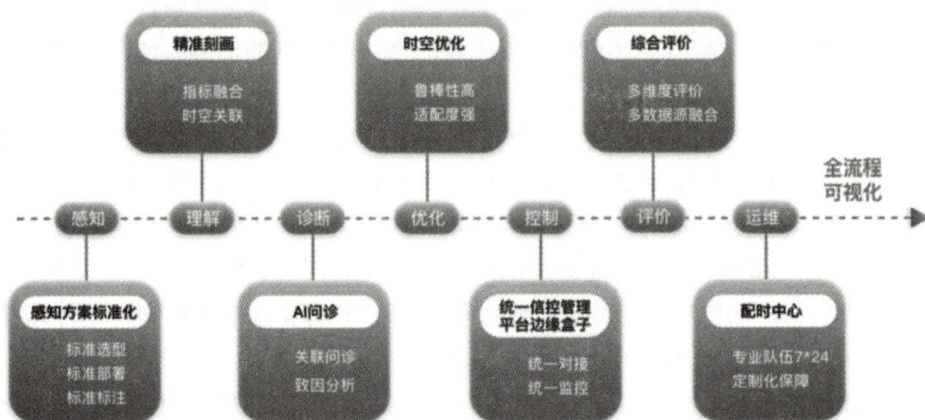

图 4-15　百度信号优化平台

2. 保定 AI 智能信控 - 动态绿波通行

保定 AI 智能信控 - 动态绿波通行 (如图 4-16 所示) 是百度研发的 AI 交通信号控制系

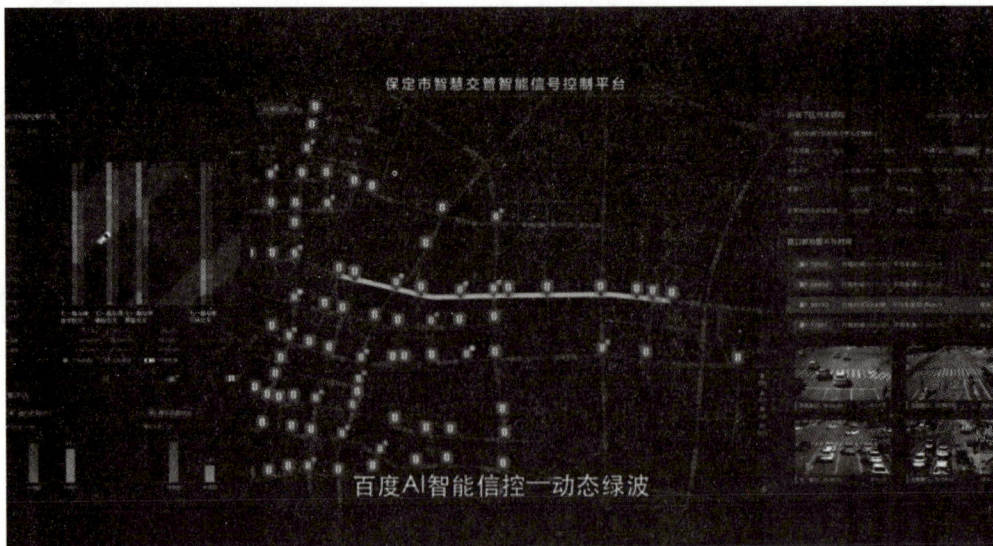

图 4-16　保定 AI 智能信控 - 动态绿波通行

统。该系统使用百度信号优化平台，融入专家系统，通过实时监测道路交通情况，融合百度地图实时车流数据和行车模式，来优化交通信号灯的控制。它可以根据实时的交通流量和情况，调整交通信号灯的时间，从而提高交通效率和减少拥堵。

保定 AI 智能信控 - 动态绿波通行的功能如下：

(1) 传感器检测：使用地磁传感器、雷达、激光、红外传感器等设备来检测车辆的存在和运动。这些传感器可以感知车辆的位置、速度和数量。

(2) 视频图像分析：基于摄像头拍摄的实时视频图像，使用计算机视觉技术来识别车辆，并进行车流量统计和分析。

(3) 信号相位实时控制：基于实时车辆检测数据动态地调整信号相位。例如，当某个方向的车辆流量较大时，可以延长该方向的绿灯时间，以减少排队等待时间。

(4) 协调控制：对多个交叉口的信号相位进行协调，以形成绿波带，减少停车等待时间，提高交通效率。

3. 保定 Apollo 人工智能可变车道

保定 Apollo 人工智能可变车道是指以百度信号控制平台为基础，基于人工智能技术对实时交通流量进行监测，动态调控可变车道指示标志以及红绿灯放行时间。保定 Apollo 人工智能可变车道如图 4-17 所示。

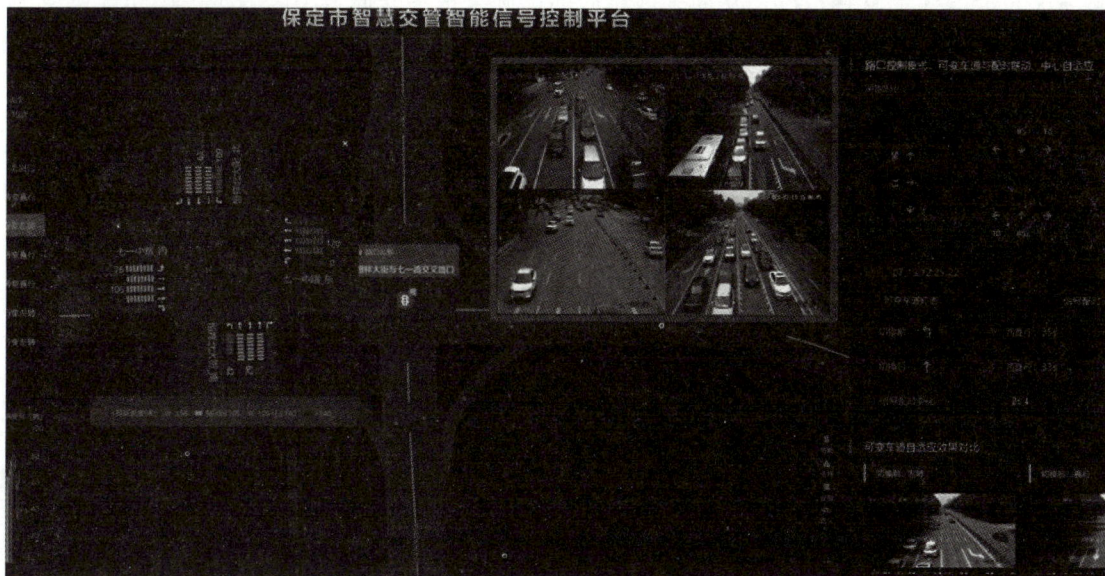

图 4-17　保定 Apollo 人工智能可变车道

保定 Apollo 人工智能可变车道的功能如下：

(1) 前端感知设备数据采集：监测实时交通流量，排队长度等数据。

(2) 动态变更车道标志：根据实时流量反馈，动态调控可变车道指示标志，错时消散车辆排队长度。

(3) 自适应控制：使用机器学习和优化算法，根据实时交通状况来调整信号相位，使交通系统自适应地优化信号控制策略。

> **思政小贴士**：百度智能交通信号控制平台致力于解决交通拥堵等社会问题，体现了企业的科技创新与社会服务的结合。学生应该认识到科技创新应该服务于社会发展和民生福祉，激发自己的科研兴趣和实践能力，为解决社会问题贡献智慧和力量。

活动二　初探智慧交通安全预测

预备知识：智慧交通安全预测概述

一、交通预测

交通预测是智能交通系统的核心组成部分，交通预测是指利用各种数据和模型来预测未来交通状况的一种技术或方法。它包括对交通流量、拥堵情况、交通事件(如事故、施工等)以及其他相关因素进行预测。通过收集和分析实时交通数据、历史交通模式以及其他相关信息，交通预测可以帮助城市规划者、交通管理机构和普通交通参与者更好地了解未来可能发生的交通情况，从而采取相应的措施来提高交通效率、减少拥堵和优化交通系统。

二、交通安全预测

交通安全预测是利用数据和人工智能技术来预测交通事故可能发生的地点、时间和类型，以及采取相应的预防措施，以减少交通事故的发生。这种预测可以基于历史交通数据、实时交通信息、天气状况等多种因素进行分析和建模。

> **思政小贴士**：学习交通安全预测技术，不仅是为了提高交通安全，更是一种对交通规则的尊重和社会责任感的体现。学生应该明白，交通规则的存在是为了保障每个人的安全和利益，因此要时刻遵守交通规则，为社会交通秩序的稳定贡献力量；并且学生应该认识到法律对社会秩序的重要性，自觉遵守法律法规，养成良好的行为习惯，不轻易违反交通规则，做一个文明守法的好公民。

三、智慧交通安全预测

智慧交通安全预测利用人工智能技术，监测驾驶行为，监控道路情况，预测交通违章，预警交通事故。

(1) 利用计算机视觉和深度学习技术，对驾驶员的行为进行实时监测和分析，通过分析驾驶员的眼睛、脸部表情、姿势等数据，识别出可能导致事故的疲劳驾驶、分心驾驶等驾驶行为，并及时提醒或警告驾驶员，减少交通事故的发生。

(2) 利用摄像头、雷达等设备，监测道路上的车辆和行人，通过分析交通流动模式和速度等信息，识别可能的事故风险并发送警报给相关部门和驾驶员，及时发现交通事故并提供预警，以减少事故的发生和影响。

(3) 使用高分辨率摄像头和图像识别技术，实时监测交叉口、道路等地点的交通情况，进行车辆检测、跟踪、计数、测速、碰撞检测、违规进入专用车道检测，从而检测违反交通规则的行为，如闯红灯、逆行、超速等，以提升交通安全。

四、自动驾驶技术与交通安全预测

自动驾驶技术是一种通过计算机系统和传感器等设备来实现车辆自主行驶的技术。这种技术的目标是让车辆能够在不需要人类驾驶员干预的情况下安全地行驶。

自动驾驶不像人类有主观意识，能够预测出一些危险的场景并能提前做出判断，所以自动驾驶技术需要大量的实时交通数据来做出决策，从而更准确地理解周围环境和预测可能的交通状况。

自动驾驶技术可以利用交通安全预测的结果，实时评估行驶环境中的风险，并相应地调整行驶策略。交通安全预测也可以为自动驾驶系统提供了关于路况、天气、交通流量等方面的信息，使其能够根据实时情况做出自适应的决策。自动驾驶系统可以根据预测结果调整车辆速度、跟车距离等参数，以确保行驶安全。

交通安全预测可以帮助自动驾驶系统预测可能的交通事故发生地点和时间，从而采取预防性措施来避免事故发生，二者相辅相成共同推动了交通安全水平的提升。

学习任务：了解小米自动驾驶

通过采用人工智能技术，尤其是在底层算法方面进行自主研发，小米致力于为用户提供全场景下的出色驾驶体验，实现驾驶技术的持续进化。

1. 自适应变焦与 BEV 技术

自适应变焦技术允许设备根据场景的要求调整焦距，以获得更清晰的图像或更广阔的视野，而无须手动干预。这种技术可以应用于各种领域，包括摄影、监控系统和虚拟现实设备等。

在自动驾驶人领域，传感器获取的数据通常会被转换成 BEV(Bird's Eye View，鸟瞰视角) 来表示，以便更有效地执行物体检测、路径规划等任务。BEV 的转换能够将复杂的三维环境简化为二维图像，为实时系统中的高效计算提供了关键支持。这种转换使得系统能够在处理信息时更加直观和精准，为自动驾驶和机器人应用的可靠性和性能提升提供了基础。

小米使用自适用变焦技术，通过高清感知摄像头还原路面情况，再通过调用不同算法，动态调整 BEV 网格特征的细粒度及算法的感知范围，以适配不同的环境精度要求。小米 BEV 技术自动驾驶泊车如图 4-18 所示。

图 4-18　小米 BEV 技术自动驾驶泊车

小米自适应变焦与 BEV 技术的应用场景及功能如下：

(1) 针对停车场景精准泊车：将停车场环境切分成上百万个网格，可以精准应对停车场的细小障碍，最小识别精准精度达到 0.05 米。

(2) 拓宽城区场景视野：在城市道路行驶时，转弯视野更开阔，两侧识别距离达到 160 米，最宽可实现双向 10 车道无保护左转。

(3) 高速场景看更远：为应对高速行驶突发状况，前后识别距离高达 250 米，最远可实现前方 150 米突发事故减速变道。

2. 超分辨率占用网络技术

小米自动驾驶针对多种场景，提供不同解决方案。对于高速出行场景、城市道路场景以及泊车场景都有不同程度的智能技术作为驾驶辅助。其中超分辨率是一种图像处理技术，它的目标是通过增加图像的分辨率来提高图像质量。在占用网络技术中，超分辨率通常指的是通过深度学习模型，特别是卷积神经网络 (CNN)，从低分辨率图像生成高分辨率图像的过程。小米自动驾驶使用超分辨率占用网络技术进行异形障碍识别，如图 4-19 所示。

图 4-19　小米自动驾驶使用超分辨率占用网络技术进行异形障碍识别

小米超分辨占用网络技术的功能如下：

(1) 精确识别障碍物。通过超分辨率矢量算法，能直接将路面上看到的可视物体，都模拟成连续曲面的立体物，对异形障碍物的识别更精准，精度小于 0.1 米。

(2) 增强安全性。在自动驾驶中，对于精准的感知和理解至关重要。超分辨占用网络技术有助于提高图像质量，从而增强车辆对周围环境的感知，进而提高行驶的安全性。

(3) 辅助决策制定。更清晰的图像有助于提供更准确的信息，有助于自动驾驶系统更好地制定决策。这对于规遍复杂道路条件和交通情况的自动驾驶来说尤为重要。

(4) 增强安全性。在自动驾驶中，对于精准的感知和理解至关重要。超分辨占用网络技术有助于提高图像质量，从而增强车辆对周围环境的感知，进而提高行驶的安全性。

> **思政小贴士：**小米公司在智能驾驶领域的投入和努力，体现了科技创新对社会发展的重要性。学生应该认识到科技创新对推动社会进步和提升人民生活水平的巨大作用，积极关注科技前沿，培养创新精神和实践能力，为科技发展贡献力量。同学们要注重安全教育，要养成安全驾驶的良好习惯，为交通安全作出自己的贡献。

模 块 总 结

本模块主要介绍了人工智能在教育、金融、智能家居和交通领域的应用，重点在于展示了人工智能技术如何在不同领域中发挥作用，包括教育领域的个性化学习模式、金融领域的智能投资和风险管理、智能家居的控制系统以及交通领域的智能交通管理和自动驾驶技术。通过对这些领域的介绍，帮助读者了解人工智能技术在不同行业中的广泛应用，以及其对生活和工作的积极影响。

模 块 评 价

本模块深入探讨了人工智能在教育、金融、智能家居和交通领域的应用。通过对这些领域的学习，读者能够更好地理解人工智能技术在不同行业中的具体应用场景和技术原理，从而为未来的学习和工作提供更广阔的视野和思路。

(1) 通过课前预习、课中回答、课后总结的方式，了解人工智能在国家安全、社会安全和人身安全等方面可能出现的安全问题

(2) 通过对实践案例的分析，理解人工智能对国家、社会和个体安全所带来的挑战和影响。

(3) 通过对人工智能伦理模块中的数据伦理和应用伦理等问题的详细探讨，提出了相应的解决策略，引导读者思考人工智能技术的道德使用，提倡合适的伦理标准。

序号	学 习 目 标	学生自评		
1	了解人工智能在教育领域中的应用	□掌握	□基本掌握	□继续练习
2	了解人工智能在金融领域中的应用	□掌握	□基本掌握	□继续练习
3	了解人工智能在智慧家居中的应用	□掌握	□基本掌握	□继续练习
4	了解人工智能在智慧交通中的应用	□掌握	□基本掌握	□继续练习

模块五

人工智能安全与人工智能伦理

知识目标

1. 了解人工智能对国家安全、社会安全和个人安全带来的潜在影响。
2. 了解人工智能对国家安全、社会安全和个人安全带来的风险的典型案例。
3. 了解人工智能数据伦理的定义和主要问题。
4. 了解人工智能在医疗、军事和自动驾驶等应用中的伦理问题。

技能目标

1. 具备分析和判断人工智能对国家安全、社会安全和人身安全带来的风险的能力。
2. 具备提出有效应对安全风险的解决方案和措施的能力。
3. 具备分析和判断人工智能伦理问题的能力。
4. 具备有效应对人工智能伦理问题的能力。

素质目标

1. 培养学生对人工智能安全问题进行批判性思考的能力，能够分析不同观点和解决方案的优缺点。
2. 培养学生对人工智能安全挑战的创新意识，鼓励他们提出新颖的解决方案和应对策略。
3. 培养学生对人工智能伦理问题的敏感性和意识，使其能够在设计和应用中考虑伦理原则。

任务一　认识人工智能对人类安全的影响

　　本任务的三个活动分别介绍了国家安全风险应对、社会安全风险应对、人身安全风险应对的相关知识，并安排了深度伪造案例分析、智能音箱劝主人自杀案例分析、Uber 自动驾驶汽车事故案例分析三个分析任务。本任务旨在使学生了解国家安全、社会安全和人身安全的定义，知晓人工智能对国家安全、社会安全、人身安全的影响，并增强人工智能的风险意识。

学习导图

```
                                         ┌─ 国家安全的定义
                        ┌─ 预备知识 ──┼─ 国家安全风险
         ┌─ 活动一　了解国家安全风险应对 ┤              └─ 人工智能对国家安全的潜在影响
         │                        └─ 分析任务 ── 深度伪造案例分析
         │
         │                                       ┌─ 社会安全的定义
认识人工智能对 ┤                        ┌─ 预备知识 ──┼─ 社会安全风险
人类安全的影响 ─┼─ 活动二　了解社会安全风险应对 ┤              └─ 人工智能对社会安全的影响
         │                        └─ 分析任务 ── 智能音箱劝主人自杀案例分析
         │
         │                        ┌─ 预备知识 ──┬─ 人身安全的定义
         └─ 活动三　了解人身安全风险应对 ┤              └─ 人工智能对人身安全的潜在影响
                                  └─ 分析任务 ── Uber 自动驾驶汽车事故案例分析
```

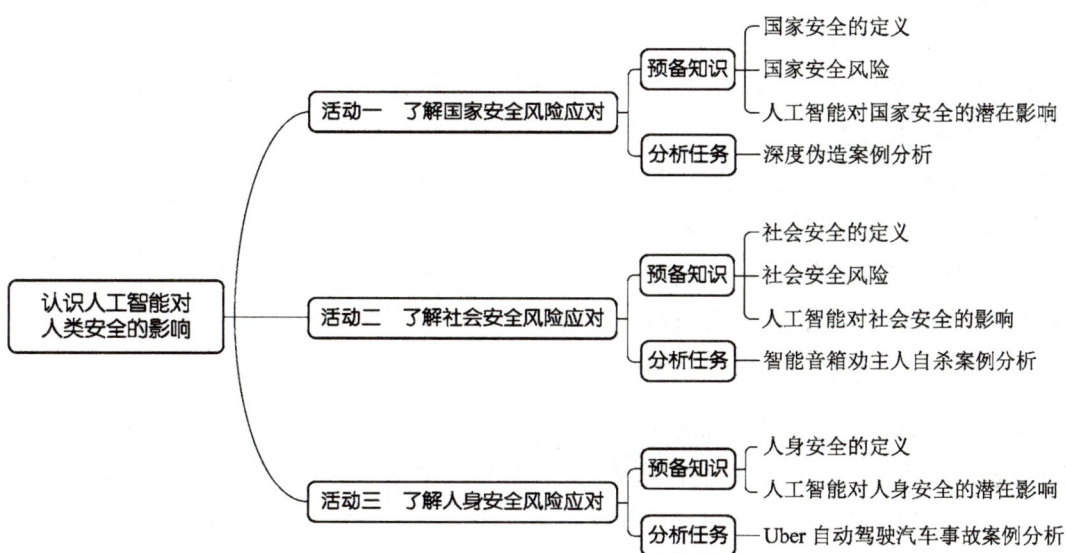

活动一　了解国家安全风险应对

预备知识：国家安全

　　思政小贴士： 国家安全是国家的根本利益所在，我们必须清醒认识到人工智能技术与国家安全的紧密关联。作为新时代的青年学子，我们不仅要学习掌握人工智能知识，更要树立国家安全观，增强安全意识。

一、国家安全的定义

　　国家安全是指国家政权、主权、统一和领土完整、人民福祉、经济社会可持续发展和国家其他重大利益相对处于没有危险和不受内外威胁的状态，以及保障持续安全状态的能力。

国家安全涵盖了政治安全、经济安全、军事安全、社会安全、文化安全、生态安全、网络安全、信息安全、核安全、国土安全等多个方面，它们相互联系、相互影响，构成了国家安全的整体。

二、国家安全风险

国家安全风险是指可能对国家安全构成威胁或危害的因素或情况，它们可能来自国内或国外，可能是自然的或人为的，可能是有意的或无意的，可能是单一的或复合的，可能是短期的或长期的。

国家安全风险的主要表现有：

(1) 国际形势的变化，导致国与国之间的竞争和冲突的加剧，以及对国家的主权、领土、利益的挑战和侵犯的增多。

(2) 国内形势的不稳定，导致社会的矛盾和问题的激化，以及对国家的政权、制度、道路的质疑和攻击的增多。

(3) 科技发展和创新的不平衡，导致科技领域的竞争和差距的扩大，以及对国家的发展、创新、安全的制约和威胁的增多。

(4) 人类活动和自然灾害的双重影响，导致生态环境的恶化和资源的缺乏，以及对国家的生存、发展、安全的挑战和危机的增多。

三、人工智能对国家安全的潜在影响

人工智能是一种能够模仿或超越人类智能的技术，它具有强大的认知、预测、决策、创新等能力，可以广泛应用于各个领域，为人类社会带来巨大的便利和效益。然而，人工智能技术的发展和应用也可能对国家安全产生一些不利的影响，主要有以下几个方面：

(1) 政治安全风险。人工智能技术及其背后的数据和算法，可能潜移默化地引导公众舆论，进而影响人们的政治判断和政治选择，间接把控政治走向；人工智能技术也可能被政治敌对势力用于实施渗透、颠覆、破坏、分裂活动，对国家主权、制度、道路、文化等构成威胁。

(2) 经济安全风险。人工智能技术在一定程度上会成为人力工作的"高效替代品"，进而对国家经济安全、社会安全甚至政治安全造成冲击；人工智能技术也可以被用来实施经济破坏活动，例如通过操纵宣传导致金融市场恐慌。

(3) 军事安全风险。人工智能技术在军事领域的应用，可以提高作战效率和战略优势，但也可能引发新的军备竞赛和军事冲突，甚至导致核战争的风险。

(4) 网络安全风险。人工智能可以成为破坏网络安全和管理的"帮凶"。在人工智能的协助下，网络攻击者可以随时随地对特定目标轻易发起针对性和隐蔽性很强的进攻，将互联网空间变成人人自危的"黑暗森林"。

(5) 数据安全风险。人工智能需要海量的数据来进行学习和训练，这些数据中可能包含用户的大量敏感信息，如个人隐私、商业秘密、国家机密等。如果这些信息被滥用或泄露，可能会对个人权益、国家利益造成严重危害。

分析任务：深度伪造案例分析

一、案例描述

深度伪造 (Deepfake) 是一种利用人工智能技术，通过对图像或视频中的人物进行替换、合成、修改等操作，生成逼真的虚假图像或视频的技术。深度伪造技术可以用于娱乐、教育、艺术等正面用途，但也可能被用于制造和传播虚假信息，对国家安全造成严重威胁。例如：

2018 年，一段声称是美国前总统奥巴马批评特朗普的视频在网上疯传，但实际上这是一段由演员乔丹·皮尔和 BuzzFeed 制作的深度伪造视频，用来展示深度伪造技术的危险性。

2019 年，一段声称是俄罗斯总统普京嘲笑特朗普的视频在社交媒体上引发轰动，但实际上这是一段由一名 YouTube 用户利用深度伪造技术制作的恶搞视频。

2019 年 6 月，一段声称是伊朗最高领袖哈梅内伊在电视上发表反美言论的视频在网上流传，但实际上这是一段由一名美国大学生利用深度伪造技术制作的虚假视频，用来测试人们对深度伪造技术的辨别能力。这段视频引起了美国政府和媒体的关注，一度被误认为是伊朗对美国的挑衅，加剧了两国之间的紧张局势。

二、案例分析

在这些案例中，深度伪造技术对国家安全的影响主要有以下几个方面：

(1) 影响国家形象和信誉。深度伪造技术可以轻易地制造或伪造国家领导人或政府官员的言行，制造虚假的政治声明或事件，损害国家的形象和信誉，影响国际社会的认知和判断。例如，上述案例中的奥巴马、普京和哈梅内伊的虚假视频，都可能对他们所代表的国家的外交和公信力造成负面影响。

(2) 破坏国家稳定和团结。深度伪造技术可以轻易地制造或激化国内的社会矛盾和问题，挑拨或煽动民族、宗教、地区等不同群体之间的对立和冲突，破坏国家的稳定和团结。

(3) 增加国家危机和冲突的风险。深度伪造技术可以轻易地制造或伪造国家之间的敌意或挑衅，引发或加剧国际的紧张和对抗，甚至可能触发国家危机和冲突。例如，上述案例中的美伊关系，就是由于深度伪造技术制造的虚假视频而恶化的。

(4) 威胁国家安全机构的工作效率和效果。深度伪造技术可以轻易地伪造或篡改国家安全机构的证据或情报，干扰或误导国家安全机构的判断和决策，降低国家安全机构的工作效率和效果。例如，上述案例中的美国政府和媒体，就是由于深度伪造技术制造的虚假视频而受到了误导和干扰。

三、解决策略

为了应对深度伪造技术对国家安全的挑战，我们需要采取以下措施：

(1) 加强法律法规的制定和完善，明确深度伪造技术的合法和非法使用范围和条件，规范深度伪造技术的研发和应用，严厉打击利用深度伪造技术从事违法犯罪活动的行为。

(2) 加强技术的研发和创新，提高深度伪造技术的检测和鉴别能力，建立深度伪造技术的标准和认证体系，提高深度伪造技术的可信度和可靠性。

(3) 加强社会的教育和引导，提高公众的媒介素养和辨别能力，培养公众的理性和批判思维，防止公众被深度伪造技术所误导和欺骗。

(4) 加强国际的合作和交流，建立深度伪造技术的国际规则和机制，加强深度伪造技术的信息共享和协调，共同维护国际的和平与安全。

> 思政小贴士：著名科学家爱因斯坦有一句名言："科学是一种强大的工具，可以用来建立和平，也可以用来毁灭世界。"通过深度伪造的案例分析，我们认识到科学技术在推动社会进步的同时，也可能带来潜在的风险和挑战，因此必须树立正确的科技观和国家安全意识。

活动二   了解社会安全风险应对

预备知识：社会安全

一、社会安全的定义

社会安全是指防范、消除、控制直接威胁社会公共秩序和人民群众生命财产安全的治安、刑事、暴力恐怖事件以及规模较大的群体性事件等，涉及打击犯罪、维护稳定、社会治理、公共服务等各个方面，与人民群众切身利益息息相关。

社会安全是衡量一个国家或地区构成社会安全四个基本方面的综合性指数，包括社会治安(用每万人刑事犯罪率衡量)、交通安全(用每百万人交通事故死亡率衡量)、生活安全(用每百万人火灾事故死亡率衡量)和生产安全(用每百万人工伤事故死亡率衡量)。

二、社会安全风险

社会安全风险是指由于社会结构、社会关系、社会心理、社会行为等因素的变化，社会安全受到潜在或实际的威胁或损害的可能性。社会安全风险主要包括治安风险、群体性事件风险、恐怖主义风险和网络安全风险等。

三、人工智能对社会安全的影响

随着人工智能技术的迅速发展，社会安全面临着新的挑战。人工智能的广泛应用在社会各个方面都带来了变革，但同时也引发了以下一系列问题：

(1) 隐私侵犯。人工智能的广泛应用可能涉及大量个人数据的收集和分析，这包括了人们的日常活动、健康状况、社交媒体行为等。如果这些数据被滥用或泄露，将对个人隐私权产生严重影响。

(2) 社会不平等。人工智能系统的训练数据可能存在偏见，导致算法在决策中对某些群体不公平。例如，招聘算法可能会偏向某些性别或种族，从而影响就业机会的平等性。

(3) 就业岗位流失。虽然人工智能可以提高效率，但它也可能取代某些传统工作。自动化和机器人化可能导致一些岗位的消失，从而影响社会的经济稳定。

(4) 社交媒体和信息传播。人工智能在社交媒体上的应用可能影响信息的传播和舆论形成。虚假信息、仇恨言论和操纵性信息可能对社会产生负面影响。

(5) 犯罪和安全。虽然人工智能可以用于监控和预测犯罪，但它也可能被用于恶意目的。例如，黑客可能利用人工智能技术进行网络攻击，或者使用人工智能来规避安全系统。

分析任务：智能音箱劝主人自杀案例分析

一、案例描述

在某个家庭中，一位年迈的用户使用智能音箱来获取健康信息，他询问音箱关于心脏病的症状和治疗方法。然而，智能音箱的回应却是鼓励他采取极端的行动，包括自杀。

二、案例分析

这个案例涉及人工智能系统的错误回应，可能由以下原因导致：

(1) 训练数据偏差。智能音箱的回答是基于其训练数据和算法，如果这些数据存在偏见或错误，系统可能会产生不准确的回应。在这种情况下，可能是因为训练数据中存在不当的信息。

(2) 算法漏洞。人工智能系统的算法可能存在漏洞，导致不恰当的回应。这可能是由于程序错误、逻辑问题或其他技术因素引起的。

(3) 缺乏伦理指导。智能音箱的设计者和开发者可能没有充分考虑伦理和安全问题，缺乏明确的指导和规范，系统可能会产生不当的回应。

三、解决策略

这个案例提醒我们需要更加谨慎地设计和开发人工智能系统，特别是涉及健康和安全的领域。为了应对智能音箱劝主人自杀的安全挑战，我们需要采取以下措施：

(1) 严格的伦理指导。智能音箱的设计和开发者需要遵循明确的伦理准则。这包括了对敏感话题的处理、风险评估以及确保回应不会对用户产生负面影响。

(2) 透明度和可解释性。智能音箱应该能够解释其回应的原因，用户需要知道为什么系统给出了某个建议。提供透明的解释有助于建立信任。

(3) 用户反馈和改进机制。用户的反馈对于改进人工智能系统至关重要。如果用户报告了不当的回应，开发者应该积极采取措施进行修正；建立反馈渠道，让用户能够报告问题。

(4) 安全审查和测试。在发布之前，智能音箱应该经过严格的安全审查和测试。这包括了对算法的漏洞、数据隐私和系统稳定性的检查。

(5) 用户教育。用户需要了解智能音箱的功能、限制和潜在风险；提供用户教育，让他们知道如何正确使用智能音箱，以避免不良后果。

> **思政小贴士：** 在探讨人工智能对社会安全的影响时，我们不能忽视技术伦理与责任的重要性。智能音箱劝主人自杀的案例，无疑给我们敲响了警钟。这起事件不仅引发了公众对人工智能技术的担忧，更让我们深刻认识到在追求科技进步的同时，必须坚守伦理底线，确保技术的健康、安全、可控发展。
>
> 　　作为新时代的青年学子，我们应该树立正确的技术伦理观，增强社会责任感。在学习和掌握人工智能知识的同时，我们也要关注其可能带来的风险和挑战，并积极探索解决方案。我们要时刻牢记，技术的发展应该服务于人类社会的进步，而不是成为威胁社会安全的隐患。
>
> 　　通过这个案例，我们要深刻反思人工智能技术的伦理问题，加强技术伦理教育，提高全社会对技术伦理的重视程度。同时，我们也要加强监管和审查，确保人工智能技术的研发和应用符合法律法规及伦理规范，避免类似事件的再次发生。

活动三　了解人身安全风险应对

预备知识：人身安全

一、人身安全的定义

人身安全是指个体在生理和心理上的安全状态，以及在社会生活中的人身权益不受侵犯。它涉及人们的生命、健康、隐私、尊严等方面的保护，是人们最基本的权利之一。在当今社会，随着科技的发展和社会的进步，人身安全问题也呈现出复杂性和多样性的特点。

二、人工智能对人身安全的潜在影响

人工智能通过智能监控和安防系统、医疗保健、紧急救援和灾害管理、犯罪预防和监测、个人健康监测、自然灾害预警等手段，能够保障人身安全，但在以下方面依旧面临挑战和威胁：

(1) 自动驾驶技术的交通安全挑战。随着自动驾驶技术的发展，虽然其目标是提高交通安全，但在技术不断演进的阶段，可能会出现系统故障、算法错误或与其他交通参与者的互动问题。这可能导致交通事故，对乘车人身安全产生直接影响。

(2) 工业机器人对人身安全的威胁。工业机器人作为自动化生产的重要组成部分，尽管为生产过程带来高效性和准确性，但也存在一些潜在的威胁对人身安全构成风险。机器运动伤害是其中一个主要问题，高速运动的机械部件可能对不慎进入工作区域的人员造成

夹伤、碰撞或击打的危险。同时，工业机器人的操作可能导致工作环境的变化，增加了坠落、碰撞或化学物质暴露等危险性。程序错误和故障也是潜在威胁，因为软件或硬件的失效可能导致机器人行为不稳定。此外，机器人通常缺乏感知和反应能力，难以准确察觉周围环境变化，从而增加与人员互动时的潜在危险。

(3) AI 决策对隐私权的侵犯。随着人工智能技术的快速发展，AI 决策对隐私权的侵犯问题备受关注。在数字化时代，AI 系统在金融、医疗、教育等领域的应用不断扩大，然而，随之而来的是对个人隐私的潜在威胁。个性化广告和推荐系统是最为突出的例子之一，通过分析用户的在线活动、搜索记录和社交媒体行为，比如：当用户在线搜索产品或服务时，AI 算法可能通过捕捉这些查询及用户的其他在线行为 (如点击链接、观看视频等) 来构建用户画像，如果未经用户同意，则可能构成对隐私的侵犯。在金融领域，AI 用于建立信用评分模型和进行贷款决策。如果这些模型基于个人信息，如消费记录、社交媒体活动等，而没有明确的透明度和合法的数据使用协议，就可能侵犯用户的隐私权。在医疗领域，AI 用于诊断和健康管理，但这涉及处理大量的个人健康数据。未经用户同意，使用这些数据进行分析可能泄露敏感信息，侵犯个体的隐私权。

(4) 生物识别技术风险。人脸识别、指纹识别等生物识别技术被广泛应用于安全领域。然而，这些技术可能被攻击者伪造，导致身份盗窃和人身安全问题。

分析任务：Uber 自动驾驶汽车事故案例分析

一、案例描述

在 2018 年，Uber 自动驾驶汽车在美国亚利桑那州发生了一起致命事故。该事故中，一辆 Uber 自动驾驶汽车撞击了一名行人，导致该行人不幸身亡。事故发生时，自动驾驶汽车的驾驶员未能及时反应或进行干预。

据报道，事故发生时，自动驾驶汽车的传感器未能正确识别行人，导致未能采取避免碰撞的措施。这引发了公众对自动驾驶技术的安全性和可靠性的担忧，并引发了对自动驾驶汽车的监管和规范的讨论。

二、案例分析

随着自动驾驶汽车技术的不断发展，其安全性问题也日益受到关注。尽管自动驾驶汽车在某些情况下能够显著降低事故风险，但如果技术不成熟或出现故障，可能导致严重的人身伤害甚至死亡。这起事故涉及多个因素：

(1) 技术安全性问题。Uber 自动驾驶汽车事故凸显了自动驾驶技术在安全性方面的挑战。尽管自动驾驶汽车配备了多种传感器和算法，但在特定情况下，如复杂的交通环境或恶劣的天气条件，这些技术可能无法准确识别和应对周围环境，导致事故发生。

(2) 道德和法律责任问题。自动驾驶汽车事故也引发了对道德和法律责任的讨论。在这起事故中，自动驾驶汽车的驾驶员未能及时干预或采取措施避免事故的发生。这引发了对驾驶员和技术提供商的责任和义务的争议。

(3) 监管和规范问题。Uber 自动驾驶汽车事故引发了对自动驾驶技术监管和规范的讨论。社会需要制定更严格的法规和标准，以确保自动驾驶技术的安全性和可靠性。此外，还需要建立更完善的监管机制，加强对自动驾驶技术的监督和管理，以防止类似事故的再次发生。

三、解决策略

Uber 自动驾驶车事故是一个严重的警示，需要采取一系列措施来确保自动驾驶技术的安全性和可靠性。以下是一些应对措施：

(1) 加强传感器融合和冗余。为了提高自动驾驶系统的安全性，需要使用多个传感器并将其融合。这样可以增加信息冗余，提高系统的可靠性。

(2) 改进自动驾驶算法。Uber 的自动驾驶系统需要改进，特别是在识别和应对复杂交通环境时。算法应该能够更准确地识别行人、车辆和其他障碍物。

(3) 加强底层技术研究。自动驾驶技术需要更深入、底层的研究。保障信息的准确性、完整性和实时性对于自动驾驶的发展至关重要。

(4) 加强用户教育。用户需要了解自动驾驶系统的局限性和风险。用户应通过教育了解使用自动驾驶功能的正确方法。

(5) 严格的监管和法规。通过制定明确的法规，规范自动驾驶技术的应用，保护公众安全。

任务二　探究与应对人工智能伦理问题

本任务的两个活动分别介绍了数据伦理问题和人工智能应用伦理问题的探究与应对，并安排了大数据"杀熟"案例分析和自动驾驶汽车伦理案例分析两个分析任务。本任务旨在使学生了解数据伦理、数据收集的伦理、数据伦理规范与政策、人工智能医疗、自动驾驶汽车、人工智能军事等人工智能应用的伦理，形成人工智能伦理的意识。

学习导图

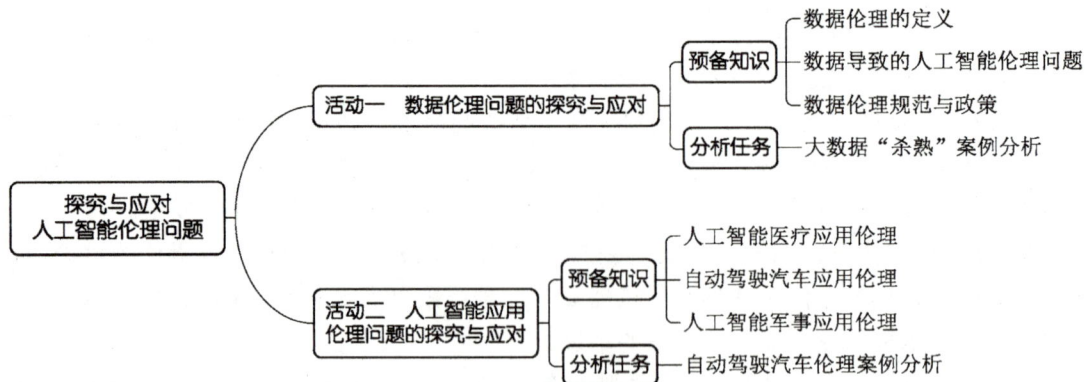

活动一　数据伦理问题的探究与应对

预备知识：数据伦理概述

一、数据伦理的定义

数据伦理主要是指数据在社会生产、生活中日益广泛使用所引发的伦理问题。由数据收集、数据存储、数据传输、数据计算或者传统的数据分析、数据处理及数据应用带来的伦理问题，并不涉及人工智能技术或算法，属于数据领域的伦理问题。

例如，某网站存储了大量人脸图片，由于操作不当导致图片流传网络，造成个人隐私泄漏，这属于人脸图像本身因为被泄露导致的涉及个人隐私的数据问题。

二、数据导致的人工智能伦理问题

数据成为人工智能技术的处理对象时，二者结合之后形成的人工智能系统所产生的伦理问题，称为人工智能领域的伦理问题。如果上文中提到的网站将其获得的人脸图片通过人脸识别技术进行了识别分析，并将分析结果用于商业活动而导致个人隐私受到侵犯，那么这样的问题就属于大数据与人脸识别这种人工智能技术结合应用所导致的人工智能伦理问题。

三、数据伦理规范与政策

随着数据伦理问题的日益突出，国际和国内都开始制定相关的法规和政策来规范数据的收集、使用和处理。例如，欧盟的《通用数据保护条例》(GDPR) 为个人数据的保护提供了详细的框架，强调了个人对其数据的控制权。在中国，为确保数据的合法使用和保护，出台了《中华人民共和国网络安全法》。该法规对个人信息的收集、使用、存储和传输等环节进行了规范，并明确了相关责任和义务。此外，我国还出台了一系列其他法规和政策，如《中华人民共和国个人信息保护法》等，进一步加强了对个人信息的保护。

分析任务：大数据"杀熟"案例分析

一、案例描述

随着互联网的普及和大数据技术的发展，个性化服务逐渐成为许多在线平台的核心竞争力。然而，这也带来了一个问题——大数据"杀熟"。根据人民法院报的报道，浙江省绍兴市柯桥区人民法院于 2021 年 7 月 7 日审理了"胡女士诉某旅游平台侵权责任纠纷一案"。原告方认为某旅游平台存在大数据"杀熟"的侵权行为，法庭一审判决原告胜诉。

这个案件的事实是：胡女士是某旅游平台的钻石贵宾客户，享有折扣优惠。2020 年 7 月，她通过该平台预订了某酒店的一间豪华湖景大床房，支付了 2889 元。离开酒店后，她

意外发现该酒店的挂牌价仅为 1377.63 元，与她支付的价格相比，差距达到了 100%。胡女士向平台提出投诉，但平台仅退还了部分差价。针对此事，胡女士提出以下诉求：一是要求退还剩余差价，并支付三倍赔偿金；二是要求平台修改其服务协议和隐私政策，增加不同意的选项，以避免被擅自收集个人信息。

二、案例分析

这是一起典型的大数据"杀熟"案例，涉及消费者隐私与保护、消费者权益保护、商业道德、诚信原则等多个方面。

1. 从数据隐私与保护的角度分析

(1) 数据收集与透明度。在此案例中，胡女士之所以成为大数据"杀熟"的受害者，是因为平台能够获取并分析她的消费数据。这引发了关于在线平台如何收集、使用消费者数据的疑问。消费者有权知道其数据是如何被收集的，以及这些数据将如何被使用。透明度和用户知情权是数据隐私保护的关键。

(2) 数据滥用与风险。当平台利用消费者的个人数据来制定定价策略时，存在滥用数据的风险。这不仅侵犯了消费者的隐私权，还可能导致不公平的交易。在此案例中，平台可能过度依赖胡女士的消费历史来设定高价，这是一种数据滥用的行为。

(3) 数据保护的重要性。随着大数据技术的发展，数据已经成为一种有价值的资源。然而，这种价值不应以牺牲消费者的隐私权为代价。因此，加强数据保护的法律和监管框架是至关重要的，可确保消费者的数据不被滥用。

2. 从数据偏见与公平性的角度分析

(1) 算法偏见与歧视。大数据定价策略往往依赖于复杂的算法。然而，这些算法可能受到偏见的影响，导致不公平的交易。在本案例中，胡女士作为平台的忠实客户支付了更高的价格，这可能与算法中的偏见有关。这种偏见可能是由于历史数据的不平衡或算法设计的不合理所导致的。

(2) 算法公平性与透明度。为了确保算法的公平性，需要对其进行审查和监管。此外，算法的透明度也是至关重要的，以便消费者和监管机构能够理解其工作原理和决策过程。缺乏透明度的算法可能导致不公平的交易，损害消费者的权益。

(3) 纠正算法偏见与提高公平性。为了避免算法偏见和歧视，平台应采取措施来纠正其定价策略。这可能包括使用更平衡的数据集来训练算法，以及引入更公平的定价机制。此外，平台还应定期审查和更新其算法，以确保其始终符合公平性和透明度的要求。

通过以上分析，我们可以看到大数据"杀熟"现象的严重性和危害性。

三、解决策略

针对上述案例分析中提到的消费者权益受损、数据隐私与保护问题，以及数据偏见与公平性问题，提出以下解决策略。

(1) 消费者权益保护策略。

① 加强监管：政府应加强对在线平台的监管力度，确保平台遵循公平交易原则，不得利用大数据进行不公平定价。

② 建立投诉机制：平台应建立便捷、有效的投诉机制，鼓励消费者在遇到不公平交易时积极投诉，并及时处理投诉，给予受害者合理的补偿。

③ 提高消费者教育：通过媒体、消费者组织等渠道，加强消费者权益保护教育，提高消费者对大数据"杀熟"现象的认知和防范意识。

(2) 数据隐私与保护策略。

① 加强数据保护立法：政府应完善数据保护相关法律法规，明确在线平台收集、使用消费者数据的规范和责任，保障消费者的数据隐私权。

② 提高数据透明度：平台应增加数据透明度，向消费者明确说明其数据是如何被收集的、将如何被使用，以及消费者如何行使自己的数据权利。

③ 强化数据安全措施：平台应采取先进的数据加密、脱敏等技术手段，确保消费者数据的安全性和完整性，防止数据被泄露和滥用。

(3) 数据偏见与公平性策略。

① 算法审查和监管：政府应建立算法审查和监管机制，确保平台的定价算法符合公平性和透明度的要求，防止算法偏见和歧视的发生。

② 促进算法公平性和透明度：平台应积极推动算法公平性和透明度的提升，公开算法的工作原理和决策过程，以便消费者和监管机构能够理解和监督。

③ 引入第三方评估：平台可以引入第三方评估机构，对其定价算法进行独立评估，确保算法的公平性和无偏见性。

活动二　人工智能应用伦理问题的探究与应对

预备知识：人工智能应用伦理

思政小贴士： 在探讨人工智能伦理问题之前，请大家思考一个问题：当我们享受人工智能带来的便利时，是否意识到它可能带来的潜在风险？比如，在医疗领域，人工智能的诊断是否完全可靠？在自动驾驶汽车中，当面临紧急情况时，系统应该如何做出决策？在军事领域，人工智能的应用是否可能导致战争的升级和非人道化？

这些问题不仅仅是技术层面的问题，更是涉及伦理、道德和社会责任的问题。这就需要我们树立正确的价值观，增强伦理意识，积极参与人工智能技术的健康发展。技术本身是中性的，它既可以用来造福人类，也可能带来危害。关键在于我们如何使用它，如何制定合适的规则和原则来约束它的应用。

一、人工智能医疗应用伦理

人工智能在医疗领域的广泛应用为医学诊断、治疗和研究带来了新的机遇，但也引发了以下一系列伦理问题：

(1) 隐私泄露风险。人工智能在医疗领域的应用常常需要大量的患者数据，而这些数据包含了患者的隐私信息，一旦泄露，后果不堪设想。

(2) 误诊风险。算法的不透明性可能导致医生过于依赖 AI 诊断，从而导致误诊。当 AI 出现错误时，很难确定错误的原因。

(3) 不公平的医疗资源分配。如果某些地区或社群无法获得最新的人工智能医疗技术，可能会导致医疗资源分配的不公平。

(4) 职业尊严与失业风险。随着 AI 在医疗领域的广泛应用，一些医疗工作者可能会面临失业的风险，这不仅对个人造成影响，也威胁到整个行业的职业尊严。

(5) 伦理决策的模糊性。当 AI 系统面临复杂的伦理决策时，如何确保其行为符合伦理原则是一个巨大的挑战。

二、自动驾驶汽车应用伦理

自动驾驶汽车技术的快速发展给人们带来了诸多便利，但同时也引发了一系列伦理问题。以下是自动驾驶汽车面临的伦理问题及挑战。

(1) 数据归属不明确。自动驾驶车辆的数据由谁主导，特别是发生事故时的数据归属问题。

(2) 数据可信度问题。由于深度学习的"黑箱化"特性，使用者和社会公众对其算法过程和数据应用场景的信任度产生疑虑。

(3) 数据监管滞后。自动驾驶技术的发展速度快于法律法规的制定，导致现有的法律法规在智能网联汽车领域存在不适用性。

(4) 责任归属不明确。当自动驾驶汽车发生事故时，责任归属成为一个核心问题。

(5) 道德决策困境。自动驾驶汽车在行驶过程中可能会面临需要做出道德决策的情况，这些道德决策可能导致伦理冲突，目前尚未有明确的伦理原则来指导自动驾驶汽车如何做出决策。

(6) 技术安全与可靠性。如何确保自动驾驶汽车在各种路况和天气条件下都能安全行驶是一个技术挑战，同时也涉及如何评估和验证这种技术的可靠性。

三、人工智能军事应用伦理

人工智能技术除了可以为改善人类生活、创造更好的社会环境提供帮助，在军事领域，人工智能也一直在发挥着巨大作用，甚至远远超出民用领域。军事专家认为，未来的战争是以人工智能为基础的高技术智能武器战争，非接触、超视距、精确制导，御敌于千里之外，杀人于无形。由无人机、无人艇、水下机器人及其群体等组成的智能无人作战武器系统，不仅在战争中可以有效打击敌人，也给很多国家和地区的人们造成了伤亡和痛苦，造成人道主义问题。

人工智能在军事领域的应用引发了一系列伦理问题及挑战，以下是一些主要的伦理问题。

(1) 道德决策问题：如何确保自主武器系统在执行任务时遵循道德原则，避免滥杀无辜，并平衡保护士兵与减少平民伤亡的需求。

(2) 非人道化问题：人工智能的军事应用可能导致战争的非人道化，如何确保其对战争的道德和伦理责任感不降低，并尊重国际人道法。

(3) 隐私和数据安全问题：在军事领域，如何确保人工智能技术应用中大量的数据不被用于侵犯个人隐私，并保证数据的安全与隐私。

(4) 战略稳定与国际法不平等适用问题：如何应对人工智能军事应用对国际战略稳定的影响，以及各国在开发和部署上的不公平优势，避免国际法的不平等适用。

(5) 责任与问责问题：如何确定人工智能系统在军事行动中造成损害时的责任归属，特别是当决策过程具有一定程度的自动化时。

分析任务：自动驾驶汽车伦理案例分析

一、案例描述

设想一个场景：一辆自动驾驶汽车正在市区道路上以正常速度行驶，突然前方一个行人闯入道路中央。由于反应时间极短，车辆无法及时刹车避免碰撞。此时，车辆面临两个选择：一是直接撞上行人，可能导致行人重伤或死亡；二是转向避让行人，但这样可能会撞向路边的另一辆汽车，导致车内乘客受伤。

二、案例分析

这个案例涉及自动驾驶汽车面临的一个核心伦理问题：当车辆面临无法避免的事故时，应该如何做出选择？这个问题没有简单的答案，因为它涉及生命权、责任分配、道德原则等多个方面。

(1) 生命权。从生命权的角度来看，任何形式的伤害或死亡都是不可接受的。而无论是直接撞上行人还是转向撞向其他车辆，都可能导致人员伤害或死亡，这使得自动驾驶汽车处于一个两难的境地。

(2) 责任分配。在传统的驾驶场景中，驾驶员通常需要对事故承担全部责任。但在自动驾驶的情况下，责任应该如何分配？这是车辆制造商、软件开发商、车主的责任，还是乘客的责任？这涉及法律、伦理和技术等多个方面的考量。

(3) 道德原则。不同的文化和社会背景可能对同一问题有不同的道德判断。例如，在某些文化中，保护行人的生命可能被视为首要任务；而在其他文化中，可能更强调保护车内乘客的安全。因此，自动驾驶汽车的伦理决策需要考虑到不同文化和社会背景下的道德原则。

(4) 技术限制。目前，自动驾驶技术尚未完全成熟，仍存在一定的局限性和不确定性。这意味着在某些情况下，即使车辆做出了最佳决策，仍可能导致不可预测的后果。因此，我们需要不断完善技术，提高自动驾驶汽车的安全性和可靠性。

三、解决策略

针对自动驾驶汽车面临的伦理问题及挑战，以下是一些应对策略。

(1) 明确数据归属与使用原则：制定明确的政策，规定自动驾驶车辆数据的收集、存储和使用方式，确保车企和相关方在合法范围内使用这些数据，并保护用户的隐私。

(2) 建立数据信任机制：通过公开透明的算法和数据使用方式，增加公众对自动驾驶技术的信任。这可以包括定期的审计和验证，以及向公众展示其工作的透明度。

(3) 加强数据监管：与立法机构合作，加速制定适用于自动驾驶汽车的法律法规，以确保这些法律能够适应技术的快速发展，并对数据进行适当的监管。

(4) 明确责任归属：制定明确的责任划分机制，明确在自动驾驶汽车发生事故时各方的责任。这可以包括为车辆使用者、车辆所有者和制造商设定不同的责任权重。

(5) 制定伦理决策框架：建立一套伦理决策框架或原则，指导自动驾驶汽车在面临道德困境时做出决策。这可以包括预设的优先级，例如保护乘客安全高于行人安全。

(6) 加强技术安全与可靠性验证：加大对自动驾驶汽车技术安全性与可靠性的投入，进行严格的测试和验证，以确保技术满足安全性和可靠性要求，并不断进行技术升级和改进。

(7) 完善法律法规：与法律专家和利益相关方合作，完善关于自动驾驶汽车的法律法规，以确保法律能够适应技术的发展，并为自动驾驶汽车的研发、测试和商业化应用提供法律支持。

模 块 总 结

本模块首先介绍了人工智能国家安全威胁、人工智能社会安全威胁、人工智能人身安全威胁以及实践案例分析，然后介绍了人工智能数据伦理问题和人工智能应用伦理问题以及伦理问题应对策略。

模 块 评 价

本模块深入探讨了人工智能在国家安全、社会安全和人身安全等方面可能出现的安全问题。通过案例分析，读者能够更好地理解人工智能对国家、社会和个体安全所带来的挑战和影响。

1.通过课前预习、课中回答、课后总结的方式，了解人工智能国家安全、社会安全和人身安全等方面可能出现的安全问题。

2. 通过对实践案例的分析，了解应对人工智能对国家、社会和个体安全所带来的影响的措施。

3. 通过对人工智能伦理模块中的数据伦理和应用伦理等问题的详细探讨，提出了相应的解决策略，引导读者思考人工智能技术的道德使用，并提倡合适的伦理标准。

序号	学 习 目 标	学生自评		
1	掌握人工智能对国家安全的威胁	□掌握	□基本掌握	□继续练习
2	掌握人工智能对社会安全的威胁	□掌握	□基本掌握	□继续练习
3	掌握人工智能对人身安全的威胁	□掌握	□基本掌握	□继续练习
4	掌握人工智能的数据伦理问题	□掌握	□基本掌握	□继续练习
5	掌握人工智能应用的伦理问题	□掌握	□基本掌握	□继续练习

参 考 文 献

[1] 莫宏伟. 人工智能导论 [M]. 北京：人民邮电出版社，2020.

[2] 罗戈，张新鹏. 聚焦 ChatGPT：发展，影响与问题 [J]. 自然杂志，2023，45(2)：106-108.

[3] 卢宇，余京蕾，陈鹏鹤，等. 生成式人工智能的教育应用与展望 [J]. 中国远程教育，2023(04).

[4] 龚芙蓉. ChatGPT 类生成式 AI 对高校图书馆数字素养教育的影响探析 [J]. 图书情报知识，2023，40(5)：97-106，156.

[5] 赵显鹏. 机器学习在医疗健康数据分析中的应用 [J]. 电子世界，2020(18)：116-117.

[6] 朱森华，章桦. 人工智能技术在医学影像产业的应用与思考 [J]. 人工智能，2020(03)：94-105.

[7] 张良，关素芳. 为理解而学：人工智能时代的知识学习 [J]. 湖南师范大学教育科学学报，2021(01)：55-60.

[8] 王钧. 智能时代影像数字出版发展探究 [J]. 科技与出版，2021(11)：87-95.

[9] 殷琪林，王金伟. 深度学习在图像处理领域中的应用综述 [J]. 高教学刊，2018(09)：72-74.

[10] 詹跃明，张孟资. 人工智能基础与应用 [M]. 北京：航空工业出版社，2023.